基于性能的保障
理论与工程实践

苗学问　蔡光耀　梁智超　编著
宋岳恒　李牧东

Performance-Based Logistics:
Theoretical Foundations and
Engineering Practices

国防工业出版社
·北京·

内 容 简 介

本书简要梳理了外军基于性能的保障实践概念、动因、特点、实施等总体情况,系统分析了基于性能的保障主要特点与实践步骤,重点研究了保障合同指标体系的建立与运用、合同类型的选择与评价、合同期限的确定与解释、合同激励的定价与方法等,深入剖析了案例的成功经验与失败不足。本书在充分借鉴外军基于性能的保障实践基础上,切实为我军推进军民融合全新保障体制建设与运行提供了理论指导和技术支撑。

本书适合从事通用质量特性和装备综合保障研究工作的科研工作者阅读,也可作为相关专业本科及以上学历的学生参考用书。

图书在版编目(CIP)数据

基于性能的保障理论与工程实践/苗学问等编著. —北京:国防工业出版社,2024.7
ISBN 978-7-118-13210-6

Ⅰ.①基… Ⅱ.①苗… Ⅲ.①装备保障-研究 Ⅳ.①E145.6

中国国家版本馆 CIP 数据核字(2024)第 099840 号

※

国防工业出版社出版发行
(北京市海淀区紫竹院南路23号 邮政编码100048)
北京虎彩文化传播有限公司印刷
新华书店经售

开本 710×1000 1/16 印张 11½ 字数 200千字
2024年7月第1版第1次印刷 印数 1—1000册 定价 118.00元

(本书如有印装错误,我社负责调换)

国防书店:(010)88540777 书店传真:(010)88540776
发行业务:(010)88540717 发行传真:(010)88540762

前 言

对于大多数装备而言,使用与保障(Operation and Support,O&S)费用往往占据系统全寿命成本的大半部分,任何能够降低使用与保障费用,同时可提高装备战备完好性的优化措施都具有重要的意义。20世纪90年代后期,为了降低装备的保障费用和规模,同时提高装备的可用性和可靠性,美军借鉴民用领域的保障模式,引入了基于性能的保障(Performance Based Logistics,PBL)策略,并被美国国防部指定为首选的保障策略。PBL的全称是基于性能的全寿命周期保障(Performance Based Life Cycle Logistics),顾名思义,就是要在国防采办的全寿命周期中考虑基于性能的保障问题,这主要是在充分考虑经济可承受性的前提下实现采办与保障的一体化,在研制阶段充分考虑保障性设计,在使用阶段突出可靠性增长。经过20余年的发展,PBL的理论和实践取得了巨大的成功,很多西方国家也在其武器装备保障中推行PBL。研究美军PBL的理论和实践,对于当前我军创新装备保障模式和方法具有重要价值。

PBL是一种保障理念和保障模式的创新。传统的保障由军方向工业部门或者建制内的保障机构购买零部件或服务,其定价模式是基于数量或次数的;PBL将保障作为一种综合的、经济可承受的性能包来购买,其定价模式是基于保障结果的。PBL的独特性和创新性主要体现在PBL合同或协议的制定和执行上,具体体现在两个方面:一是在PBL协议或合同中以指标的形式明确规定了保障目标。PBL的"性能"指的是武器装备的性能,在保障方面就是保障性设计结果和保障工作"绩效"的体现;武器装备的性能主要是由作战需求确定的,然后又由特定的指标来描述和衡量,在保障方面就体现在PBL合同或协议的保障指标上,保障指标是装备完好性目标和经济可承受性限制等因素综合权衡的结果。二是为了实现保障目标,制定了与指标相关联的激励措施。不同类型的激励措施是对购买保障集成包的定价方式和合作关系的规范化、文档化约束,保障指标及其激励措施也是判断其是否为PBL的主要依据。

本书共分为三部分。第一部分(第1章~第3章)主要论述PBL的产生、特征、全寿命周期中的主要活动,以及 PBL 的相关政策和指南等,以期在横向(政策指南)和纵向(全寿命周期保障)上提供 PBL 的整体框架。第二部分(第 4 章~第 7 章)主要论述 PBL 的关键步骤和重点活动。其中,第 4 章论述了从作战需求逐步到确定 PBL 指标的过程,主要回答了"PBL 应该达到什么目标"等问题;第 5 章论述了对可能存在的保障方案或改进措施进行分析的过程,主要回答了装备保障"可能会达到什么目标"以及"哪种方案更好"等问题;第 6 章论述了 PBL 的激励措施,指标和激励措施是 PBL 合同的主要特征,通过制定与指标相关的激励措施,回答了"如何激励合同商向 PBL 目标努力"等问题;第 7 章论述了 PBL 执行与评估的过程和工具,回答了"如何确保达到 PBL 目标"等问题。第三部分(第 8 章)主要论述了外军近年来实施 PBL 的整体情况和最新进展,并结合全球的政治、安全、经济和技术等发展,分析了 PBL 的前景,最后论述了外军 PBL 的理论和实践对我军的启示。

本书系统阐述了 PBL 的理论和关键问题,撰写过程中参考了外军相关的学术论文和研究报告,书中术语的翻译主要依据 GJB 451A－2005《可靠性维修性保障性术语》等标准。由于作者水平有限,书中难免存在错误,恳请读者不吝指正!

作者
2023 年 8 月

目 录

第1章 绪 论

1.1 全寿命保障与集成产品保障要素 ·· 1
   1.1.1 国防采办概述 ·· 1
   1.1.2 国防采办管理系统中的全寿命保障 ······································· 3
   1.1.3 集成产品保障要素 ··· 5

1.2 全寿命周期成本和全寿命保障框架 ·· 6
   1.2.1 装备全寿命周期费用 ·· 6
   1.2.2 国防部死亡螺旋 ·· 8
   1.2.3 产品保障策略 ··· 10

1.3 PBL 的内涵和特征 ·· 12
   1.3.1 PBL 的内涵 ·· 13
   1.3.2 PBL 的发展历程 ·· 14
   1.3.3 与传统保障模式的比较 ··· 15
   1.3.4 基于性能的协议 ·· 18

第2章 基于性能的全寿命保障

2.1 采办和全寿命保障计划 ·· 21
   2.1.1 国防采办的组织系统 ·· 21
   2.1.2 采办项目类型 ··· 24
   2.1.3 全寿命保障计划 ·· 25

2.2 产品保障业务模型 ·· 27
    2.2.1 项目经理 ·· 28
    2.2.2 产品保障经理 ·· 28
    2.2.3 产品保障集成商和产品保障供应商 ·· 29

2.3 全寿命阶段的保障 ··· 29
    2.3.1 装备方案分析阶段 ·· 31
    2.3.2 技术成熟与风险降低阶段 ··· 33
    2.3.3 工程与制造开发阶段 ··· 35
    2.3.4 生产与部署阶段 ··· 37
    2.3.5 使用与保障阶段 ··· 38

2.4 PBL 的财务因素 ·· 42
    2.4.1 "金钱的颜色" ·· 42
    2.4.2 资金来源的选择过程 ··· 43
    2.4.3 不同类型资金的特点 ··· 44

第 3 章 PBL 实施政策与指南

3.1 PBL 实施模型 ··· 46
    3.1.1 国防部关于 PBL 的政策和指南概述 ··· 46
    3.1.2 模型背景和目的 ··· 47
    3.1.3 PBL 实施模型 ·· 47

3.2 PBL 政策的实施分析 ·· 49
    3.2.1 DoDD 5000.01《国防采办系统》 ··· 50
    3.2.2 DoDI 5000.02《国防采办系统的运行》 ····································· 51
    3.2.3 《更好的购买力 3.0》 ·· 53
    3.2.4 《PBL 综合指南》 ··· 54

3.3 《PBL 指南》的实施分析 ·· 56
    3.3.1 《产品保障经理指南》 ··· 56
    3.3.2 《PBL 指南》 ··· 58

3.4 冲突的政策和指南 ·· 60

第4章 PBL 指标的确定

4.1 从作战需求到保障指标 ···································· 61
 4.1.1 作战需求和需求文件 ································ 61
 4.1.2 制定 KPP、KSA 和 APA 要考虑的因素 ·············· 63
 4.1.3 制定 KPP、KSA 和 APA 的步骤 ···················· 63
 4.1.4 PBL 的关键性能属性 ································ 64

4.2 指标体系及其传递关系 ···································· 65
 4.2.1 指标的体系层次 ···································· 65
 4.2.2 指标的传递关系 ···································· 67
 4.2.3 指标选取原则 ······································ 70
 4.2.4 典型指标的计算方法 ································ 71

4.3 指标值确定案例 ·· 74
 4.3.1 F-35 联合攻击战斗机保障指标 ····················· 74
 4.3.2 H-60 系列直升机保障指标 ························· 75
 4.3.3 其他飞机的保障指标 ································ 76

第5章 PBL 基准与业务案例分析

5.1 基准线和业务案例分析 ···································· 78
 5.1.1 系统基准线的确定 ·································· 78
 5.1.2 业务案例分析 ······································ 80
 5.1.3 产品保障价值分析 ·································· 81
 5.1.4 保障方法确定 ······································ 85

5.2 业务案例分析模型 ·· 86
 5.2.1 问题和模型描述 ···································· 86
 5.2.2 数据来源 ·· 87

  5.2.3 模型假设 ·········· 87
  5.2.4 模型的限制和应用 ·········· 88
 5.3 保障方案分析 ·········· 89
  5.3.1 保障方案概述 ·········· 89
  5.3.2 辅助决策工具的应用 ·········· 90
  5.3.3 模型分析 ·········· 93
  5.3.4 结论和建议 ·········· 94

第6章　PBL合同及其激励措施

 6.1 PBL合同框架和类型 ·········· 96
  6.1.1 PBL合同框架 ·········· 96
  6.1.2 PBL的合同类型 ·········· 97
  6.1.3 选择合同类型时考虑的因素 ·········· 99
 6.2 PBL合同激励 ·········· 100
  6.2.1 基于时间的激励 ·········· 101
  6.2.2 基于财务的激励 ·········· 103
  6.2.3 基于范围的激励 ·········· 105
  6.2.4 其他激励措施 ·········· 106
 6.3 制定PBL激励时的注意事项 ·········· 107
  6.3.1 设计激励时面临的挑战 ·········· 107
  6.3.2 在"垄断"实体之间寻求"竞争"关系 ·········· 108
  6.3.3 各激励措施的优势和不足 ·········· 110
  6.3.4 增加激励的灵活性 ·········· 111

第7章　PBL的执行与评估

 7.1 概述 ·········· 113
  7.1.1 质量保证监督 ·········· 113
  7.1.2 定期审核与报告 ·········· 113

	7.1.3	后勤保障总揽图 ·································	114
7.2	执行与评估工具 ··	116
	7.2.1	集成产品保障要素 ·······························	116
	7.2.2	独立后勤评估 ···································	120
	7.2.3	保障成熟度 ·····································	123
7.3	PBL实施效果的评估 ·································	126
	7.3.1	PBL实施的整体情况 ···························	126
	7.3.2	PBL有效性验证 ································	127
	7.3.3	基于统计的PBL项目评估 ······················	128

第8章 前景展望

8.1	美军PBL的发展现状及进展趋势 ···················	132
	8.1.1 美军PBL的实施情况 ··························	132
	8.1.2 美军PBL的最新进展 ··························	135
	8.1.3 美军PBL的发展趋势 ··························	137
8.2	PBL实施的机遇 ··	138
	8.2.1 全球政治和安全形势导致各国军费持续增加 ·······	138
	8.2.2 全球经济形势迫使供应商寻求新的利润增长点 ·····	140
	8.2.3 新工业革命助推PBL不断变革发展 ················	142
8.3	美军PBL启示 ··	142
	8.3.1 坚持以系统工程方法解决PBL实施难题 ············	143
	8.3.2 坚持推动基于性能的全寿命保障 ····················	143
	8.3.3 坚持以创新驱动PBL优化升级 ······················	144
	8.3.4 坚持以合作共赢推动PBL持续发展 ·················	145
8.4	我军装备保障建议 ·······································	145
	8.4.1 推进军队PBL能力建设 ·····························	145
	8.4.2 推进军工企业PBL能力建设 ························	147
	8.4.3 PBL推动军民共建的作用 ···························	148

IX

8.4.4　加强军民共建装备保障模式政策 ·················· 149
　　8.4.5　创新军民共建装备保障模式管理 ·················· 150

附录 A　业务案例分析使用的案例和部分数据

　　A.1　"影子"无人机系统简介 ························· 153
　　A.2　业务案例分析过程中的部分数据 ··················· 155

附录 B　专业名词及术语的中英文对照

参考文献 ·· 170

第 1 章 绪 论

自 20 世纪 90 年代末,美军为提高装备可用性和可靠性,同时缩减保障规模、降低使用与保障费用,借鉴工业和商业部门的经验,引入了基于性能的保障(Performance Based Logistics,PBL)[①]。PBL 是一种新的保障理念,也是一种新的保障模式,经过 20 年的实践和发展,PBL 已经成为美国国防部首选的装备保障策略。由于 PBL 是在装备全寿命保障中进行考虑和实施的,因此在提高装备可靠性和可用性、降低保障费用和保障规模上具有巨大优势,并在多个项目中得以验证。本章首先论述国防采办与集成产品保障要素等基本概念,然后从全寿命保障的角度分析产品保障策略,最后对 PBL 的内涵、发展历程以及主要特征进行论述。

1.1 全寿命保障与集成产品保障要素

全寿命保障的目标是确保将保障纳入系统的全寿命过程,包括系统的论证、开发、生产、部署、保障和处置等全部阶段相关的规划、实施、管理和监督活动,从而实现尽早通盘、全程考虑。

1.1.1 国防采办概述

军方为满足国防部军事任务或保障军事任务的需求,就武器系统和其他系统、物品或劳务提出方案和计划,进行设计、研制、试验、合同签订、生产、部署、后勤保障、改进和处理的过程称为国防采办。国防采办的对象通常包括武器系统和相关物品及服务。换句话说,武器装备和其他国防系统不是简单"采购"而来的,而是众多机构和组织,经过一系列复杂的活动,最终"采办"而来的。从国防采办的概念看,装备的使用与保障(Operation and Support,O&S)是国防采办

---

① 国内也有文献将其译为"基于绩效的保障",但是相比"性能"(强调系统的产出),"绩效"更强调系统产出与投入的比值。"性能"和"绩效"有时并不一致:如果投入相比产出下降得更多,此时"绩效"也可能是增加的,从军方的角度看,更关注系统的产出,即"性能",而不能简单地以牺牲系统的产出换取绩效的提升。在这种情形下,将"performance"翻译为"性能"更合适。

的一部分,因此要在装备采办的早期阶段和全寿命过程中考虑保障问题,而不是仅仅在装备进入使用阶段后才考虑保障。

美国的国防采办分为"大采办"和"小采办",其中,"大采办"是国防采办的外部环境,又称为国防部辅助决策系统。"大采办"包括三部分:一是联合能力需求和开发系统(Joint Capabilities Integration and Development System,JCIDS),主要负责国防采办的需求分析,可根据作战需求确定装备保障需求;二是规划、计划、预算和执行(Planning,Programming,Budgeting,and Execution,PPBE)系统,主要负责为国防采办筹集、提供相关的资源,例如保障所需的各种费用;三是国防采办系统(Defense Acquisition System,DAS),主要负责国防采办的管理,又称为"小采办"。国防采办的这三个系统及其相互关系如图1-1所示。

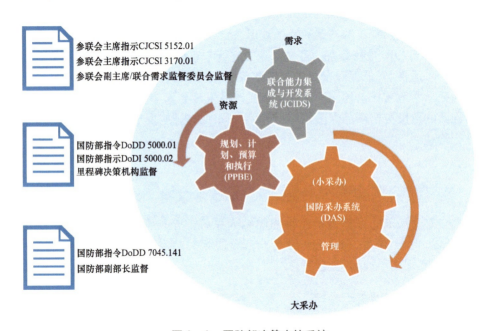

图1-1 国防部决策支持系统

国防采办的这三种系统提供了从事策略规划、识别军事能力需求、开展系统采办、制定项目和预算的综合手段,共同组成辅助决策系统的支柱。对于国防采办而言,其关键是需求、资源和管理这三个支柱之间的互动和协同。国防采办过程分为多个阶段,对采办项目实施里程碑管理,国防采办的阶段和里程碑如图1-2所示。

国防采办系统一般分为三个部分、五个阶段,这几个阶段组成分别为:

(1)系统采办准备,包括装备方案分析(Materiel Solution Analysis,MSA)阶段和技术成熟与风险降低(Technology Maturation and Risk Reduction,TMRR)阶段;

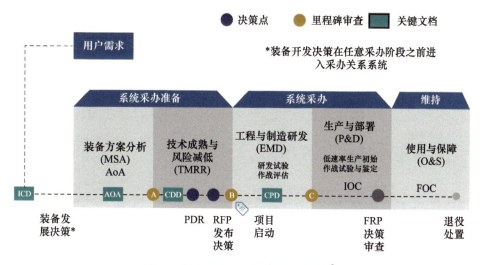

图1-2 国防采办的阶段和里程碑[①]

(2)系统采办,包括工程与制造研发(Engineering and Manufacturing Development,EMD)阶段、生产与部署(Procurement & Deployment,P&D)阶段;

(3)维持,包括使用与保障阶段,以及最终的退役处置阶段等。国防采办的三个里程碑分别为:

里程碑1:批准初始能力文件(Initial Capabilities Document,ICD),开始技术成熟和风险减低;

里程碑2:批准能力开发文件(Capabilities Development Document,CDD),开始工程和制造研发;

里程碑3:批准能力生产文件(Capabilities Production Document,CPD),开始生产与部署。

国防采办的全部过程涵盖了国防系统从无到有、从用到弃的全寿命过程。使用与保障阶段作为国防采办的一部分,应当在国防采办的全寿命过程中予以考虑。

1.1.2 国防采办管理系统中的全寿命保障

为实现全面、有效、可承受的性能驱动后勤保障战略,全寿命保障进行早期规划、开发、实施和管理,并在全寿命的所有阶段起着关键作用,如图1-3所示。

---

① 主要参考 *Defense Acquisition:How DOD Acquires Weapon Systems and Recent Efforts to Reform the Process*(Moshe Schwartz,2013)一文第6页中图2"Defense Acquisition Milestones"的内容。

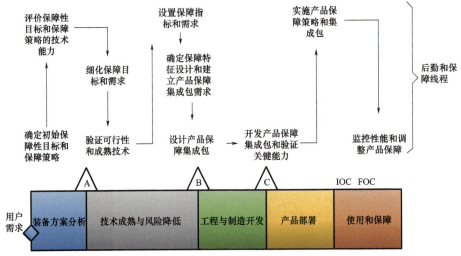

图1-3 国防采办管理系统中的保障线程

全寿命保障的目标是确保将保障因素纳入系统整个寿命过程的论证、开发、生产、部署、保障和处置相关的所有规划、实施、管理和监督活动,包括:

(1)参与设计过程以获得高度可保障和可持续的系统;

(2)提供价格合理、可靠、有效的保障策略和系统,以最佳的装备可用性满足用户的要求;

(3)制定适当的指标以验证系统工程设计流程,并衡量保障战略/供应链的性能;

(4)为用户提供有效系统的最小后勤规模;

(5)开发更加集成和简化的采办流程,以及符合法规的后勤保障流程;

(6)促进系统全寿命中的技术迭代升级。

可以通过指标驱动的基于结果的流程来实现目标,以便在整个体系和全寿命中推动利益相关者的决策和行动。该流程应通过一个由领域专家组成的跨职能团队来执行,确保持续和全面地解决保障需求,并与成本、进度和性能进行平衡。在系统工程中关注保障问题,确保在设计、开发、生产和维修期间实施系统使用和保障能力决策。

实现目标的关键原则包括但不限于:实现包括后勤系统和保障在内的计划保障目标的单点问责制;增量采办和符合法定标准的产品保障策略;在整个全寿命中全面集成硬件、软件和人员跟进修改并解决缺陷报告和保障问题,从而优化有用性、可用性、维修性、保障性和经济可承受性,基于用户结果度量(如装备可用性)的指标驱动决策,包含装备质量度量(如装备可靠性)、保障效能度量(如平均停机时间)和成本度量(如拥有成本)等;了解工业基础能力和服务能力;在整个计划全寿命中确保在主要合同和分包合同层面的竞争或竞争选择;

基于性能的全寿命产品保障策略,以最小的保障力量,实现关键性能参数(Key Performance Parameters,KPP),相关关键系统属性(Key System Attributes,KSA)和总体承受能力的目标;持续的流程改进,包含评估全寿命产品保障策略,以及端到端的维修链规划、评估和执行。

1.1.3 集成产品保障要素

产品保障是指应用集成产品保障要素和保障系统所需的保障功能,以满足系统的准备和使用。基本的集成产品保障要素如图1-4所示。

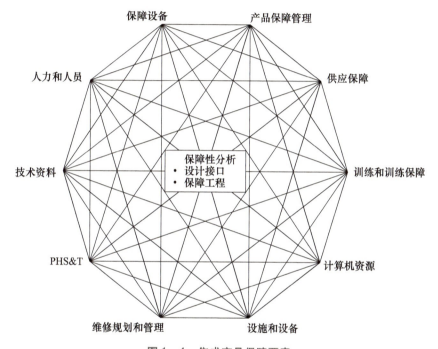

图1-4 集成产品保障要素

考虑产品保障要素会相互影响装备的可用性,必须对它们进行整合。在采办过程中,重点是影响设计的保障性,并通过应用保障概念来满足用户的指定要求,即在最低全寿命成本下实现保障系统性能。这适用于要开发的每个能力增量,具体包括:

(1)提供保障以满足作战人员指定的战斗水平和平时表现水平;
(2)提供短期和长期的后勤保障准备;
(3)通过分析和决策优先管理全寿命周期费用;
(4)同时利用建制和行业资源;整合产品保障元素和优化维修概念;
(5)数据管理和配置管理,可在整个系统全寿命周期内提供经济高效的产品保障;

(6) 减少制造资源和装备短缺的管理流程,确保有效、经济和运营可靠的系统;

(7) 操作员和维修人员培训应涵盖系统的全部功能。

通过对集成产品保障要素的分析和管理,可以确定特定要素间的协同作用和必要的权衡方案。所有要素的整合至关重要,必须了解每个要素如何受到其他要素的影响以及与其他要素的联系,因此,应该以综合权衡的方式进行调整,从而平衡作战人员对作战适用性和经济可承受性的要求。例如,如果识别出系统故障的次数比预期的要多,经过进一步分析,确定某个关键部件的磨损速度超过其设计寿命所预期的速度,这种情况下如果维修人员已经接受了适当的培训,并确定该关键部件没有在其他引起早期零件故障的子系统中,那么应该采用以下解决方案及其组合:

(1) 重新设计该部件,使其更耐用(提高零部件的可靠性);

(2) 更改维修过程从而更频繁地检查该部件,并在其使用寿命中尽早更换或检修,而不是进行局部修理;

(3) 购买额外的部件;

(4) 如果经过商业维修的部件更可靠,判断是否可以将商业维修方式或团队应用于成建制的基地;

(5) 如果因为缺乏培训导致更频繁的拆卸,需要派出适当的培训团队;

(6) 如果有新的或更好的测试和维修设备,并且有正的投资回报,就可以现场使用改进的设备。

这些替代方案中的每一个都会对项目产生不同的影响,并且应该评估每个集成产品保障元素的系统可用性、可靠性和成本。

1.2　全寿命周期成本和全寿命保障框架

近几年,包括美国在内的主要国家都对军费的使用进行了更为严格的限制,武器和国防系统的保障也需要在日趋紧缩的财政环境中进行,同时,使用和保障费用往往占据装备全寿命周期成本的大部分,制定产品保障策略需要在使用可用性和经济可承受性之间实现平衡。

1.2.1　装备全寿命周期费用

装备的全寿命周期费用涵盖了装备从无到有,以及从使用维护保障,直至退役处置的"从摇篮到坟墓"的全寿命过程成本。对于大多装备而言,使用与保障费用占据了系统整个寿命周期成本的最大份额,据估计,系统的全寿命周期费用中,使用与保障费用占系统全寿命周期费用的70%,甚至更多。典型的武器系统全寿命周期的各种费用构成情况如图1-5所示。

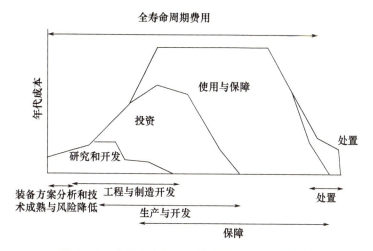

图1-5 武器系统全寿命周期费用的构成示意图

图1-5中所示系统全寿命周期费用的构成情况对于大部分武器系统都是适用的,但不同类型的武器系统的全寿命周期费用构成并不相同,图1-6表示了几种不同类型系统的全寿命周期费用构成。

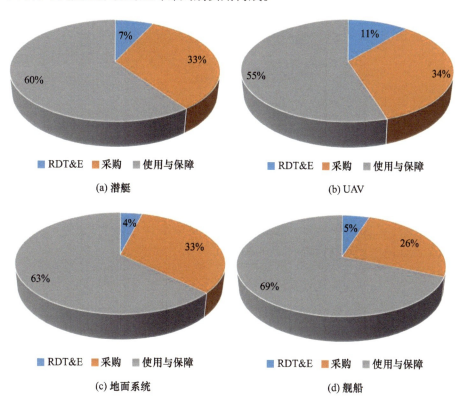

(a) 潜艇 (b) UAV
(c) 地面系统 (d) 舰船

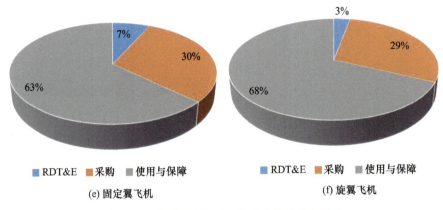

图1-6 不同类型系统的全寿命周期费用构成

从图1-6可以看出，对于大部分系统而言，使用与保障成本占据了全寿命周期费用的大部分，但是有些系统不同，如图1-7所示的航天系统。

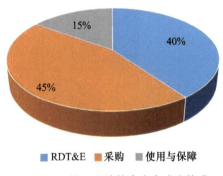

图1-7 航天系统的全寿命成本构成

航天系统是一类特殊的系统，其使用保障成本占全寿命周期费用的比例相较于其他系统要低得多（约占全寿命周期费用的15%）。通过创新保障流程、概念和方法，同时提高系统的可靠性、维修性和保障性，都可以降低使用与保障费用，从而降低系统的全寿命周期成本。而在产品保障过程中使用PBL方法，就是产品保障的创新过程之一。

1.2.2 国防部死亡螺旋

20世纪90年代末，美国国防部意识到自身存在严重的成本问题。武器系统运行和保障费用呈上升趋势，而战备完好性却在降低。冷战时期，由于必须保持一定规模的老旧武器系统可用，因此需要增加维修保障工作，从而导致保障费用上涨。由于更多的资金转移到老旧武器系统的保障活动中，导致武器系统的现代化升级预算降低，国防系统的现代化计划被搁浅。国防系统的现代化进程延缓加剧了系统老化问题,系统持续磨损,继而需要越来越多的维护工作。如图1-8所示,该反馈循环称为"国防部死亡螺旋"①。

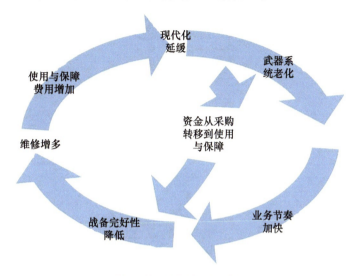

图1-8 国防部死亡螺旋

近几年,受世界经济和整体局势的影响,很多国家的国防和军费预算都出现了不同程度的下降,从2012年开始,美国国防支出也开始出现下降。2000年—2018年,美国的军费支出情况如图1-9所示。

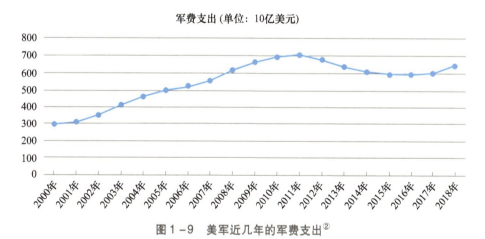

图1-9 美军近几年的军费支出②

---

① Jacob O' Hatnick. H-60 tip-to-tail performance based logistics program case study. Dr. Jacques Gansler Presentation,2012,10:3。

② 数据来源:世界银行(http://datatopics.worldbank.org/world-development-indicators/)。

从图1-9中可以看出,在较长的时间内,美军军费都呈现稳定增长的势头,但是从2012年开始,美军的军费开支首次开始下降,并一直持续到2017年。在新一届政府上台后,美国军费又开始呈现增长的势头。若考虑美国的经济增长,近几年美军军费占美国GDP的比例如图1-10所示。

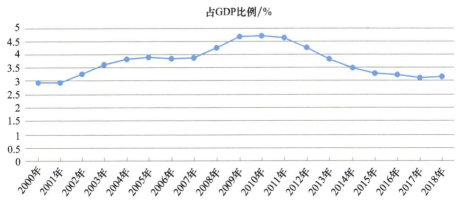

图1-10 近几年美军军费支出占美国GDP的比例[①]

从图1-10中可以看出,美军的军费开支长期占据GDP的2.5%以上比例,在2010年达到最高值(4.66%)。从2011年开始,美军军费支出占GDP的比例开始出现下降,近几年一直维持在3.2%左右。虽然近几年美国又重新加大了军费投入,但是受世界整体经济形势的影响,国防财政紧缩的局势将会维持一段时间。

在资金紧张的大背景下,美军不得不设计新保障模式和策略来解决这一非常现实的问题。项目经理将会面临一个困境,即如何在预算降低的同时维持好甚至提高装备的性能。私营部门将处于在其收益面临下行压力的同时运行保障国防部的可行性业务的两难境地。在这种情况下,"基于性能的保障"就成为一种从国防部预算中谋求更大性能的方式,意义格外重大。

1.2.3 产品保障策略

制定产品保障策略是实现产品保障的第一步。国防部指令DoDD 5000.01要求项目经理"制定并实施基于性能的产品保障策略,优化整体系统可用性,同时最大限度地降低成本和后勤规模。根据法定要求,保障战略应通过政府/工业部门合作倡议,最大程度地利用公共和私营部门的能力。"

基于公共和私营部门的最佳特征是保障策略的关键组成部分。基于性能

---

① 数据来源:世界银行(http://datatopics.worldbank.org/world-development-indicators/)。

的全寿命产品保障实施框架反映了可以使用的能力解决方案的范围,如图1-11所示。

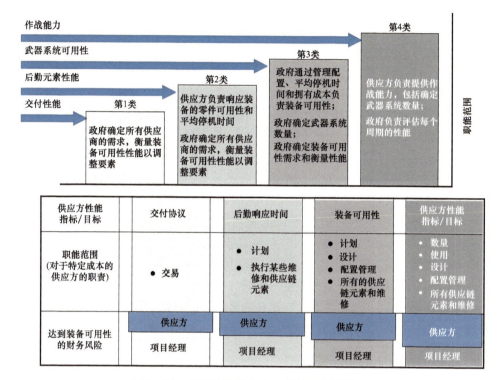

图1-11 基于性能的全寿命产品保障实施框架

该框架是渐进式的,因为每个备选方案都基于以前的类别。在所有情况下,系统保障参数在设计过程中进行预测和测量,然后在系统运行后重新评估,以便采取适当的措施来实现装备可用性目标。在每个类别中,项目经理负责与利益相关方合作,以确保采取适当的行动来满足用户的需求。不同之处在于,与产品保障集成商或供应商共享的财务风险金额以及所涵盖的职能范围差异。这些类别并不意味着一定程度的"好",只是提供一种方法来说明该计划可用的各种实施方案。每个类别描述如下所述。

第1类:在全寿命管理环境中,所有项目的执行至少应达到此级别。传统的保障概念需要购买各种保障要素。政府制定需求,整合、采购和平衡产品保障要素,以实现装备可用性指标,承包商指标通常是成本和进度。与传统方法的不同之处在于一旦该方案投入使用,项目经理就会测量装备的可用性,并与利益相关者采取适当的行动以满足用户的需求。但是,大多数财政风险都在政府方面,因此项目经理必须与产品保障部门功能办公室、政府基础设施/供应链,以及承包商合作,以确保采取正确的措施避免风险。

第2类：此级别财政风险开始转变，但仅限于狭窄且关键的供应链功能区域。属于此级别的典型功能包括装备供给、库存管理、运输或维修，其中供应商对满足用户要求所需的响应性负责。零件可用性、平均停机时间或后勤响应时间是第2类实施的典型指标，其中供应商向用户交付零件、商品或服务所花费的时间决定了付款合同的金额在使用该方法时，必须注意要求和合同条款的一致性，以确保它们推动供应商按时交付，以便政府实现经济可承受的装备可用性。

由于在此级别需要协调的供应商较少，项目经理还需要购买许多独立的产品保障要素并配置管理系统，因此政府的共享风险依然较大，项目经理仍然需要负责与供应商采取适当的合作以避免风险。该项目必须制定性能要求，整合、采购和平衡基于性能的协议中未包含的要素，以实现经济可承受的装备可用性。

第3类：此级别通过将全寿命保障活动转移到产品保障集成商（Product Support Integrator，PSI）来提升供应商的财务风险级别，使他们对保障整个系统装备可用性负责。第3类通常侧重于保障关键部件或组件的可用性，例如襟翼或辅助动力装置等，也可以包括整个系统。在第3类中，PSI还有一个额外的重点工作是全寿命保障、培训、维护、维修和大修，还包括后勤规划和执行、配置管理和运输。在第3类中，PSI也可以进行修理或替换决策。首选典型指标是装备可用性。

在此级别，由于设备的可靠性、维修性以及供应链的有效性会影响持续可承受的使用可用性，同时 PSI 涉及影响装备可用性的一般流程，因此 PSI 将单独或合作分配包括维修工程和配置控制等各个方面的全寿命责任。

第4类：此级别将全寿命保障和设计性能责任转移到 PSI，并使 PSI 负责确保装备的使用可用性或作战能力。通常，此级别适用于具备作战能力的系统，例如"蒸汽时数、飞行时数或每月英里数""每月发射次数""按小时计算的能量"。PSI 由于涉及影响装备可用性的一般流程而被单独或合作分配全寿命责任，这使得 PSI 可以灵活地采用满足所需性能水平的任何实践和技术推动因素，包括部署的系统数量和位置。

1.3　PBL 的内涵和特征

美国每年的军费支出有很大一部分用于武器系统的使用保障。从 1998 财年开始，为了响应国防部的指示，各军种采取了一些不同的后勤保障策略，这些策略的细节都集中在几个关键要素上，其中最重要的要素是依靠私营部门提供武器装备的大多数保障，从而减少项目的全寿命周期费用并提高使用可用性。

实现这两个要素的最佳方法是关注备件的可靠性、维修性、可用性和经济可承受性。PBL 正是在这一需求和背景下不断发展、应用并最终作为国防部首选的产品保障策略。

1.3.1 PBL 的内涵

传统的国防采办和保障是相对独立的过程,同时"采办"和"保障"受到的重视程度也不一样,容易出现采办和保障"两张皮"。国防部意识到有必要改进采办策略,因此在 2000 年的国防采办改革中引入了"基于性能的服务采办"。当时改革的主要指导原则是,外部承包商比起建制内的机构能否提供更有效的服务,如果可以,政府应与其签订合同。政府不应以技术规范的形式说明服务的目标,而应以性能评估的形式阐明期望的结果。此过程使承包商可以确定完成任务的最佳方法使得成本降低和产品创新。PBL 是基于性能的服务采办的扩展,其重点是武器系统的完整后勤服务。根据国防部 2005 年发布的《基于性能的保障:项目经理的产品保障指南》,其中对 PBL 的定义为:"PBL 是国防部首选的产品保障策略,(该策略)可通过购买性能来提高武器系统的战备状态,该性能可通过整合后勤链和公私伙伴关系来获得。PBL 的基础是购买武器系统保障服务,该服务基于诸如武器系统可用性之类的输出指标,而非诸如零件和技术服务之类的输入指标,具备经济可承受性、综合性等特征。"

PBL 的基本含义可以概括为:以降低保障成本和提高保障效率为目的,通过军方、产品保障集成方和产品保障供应商三方的共同努力,达成一项以对预期性能结果和最终保障效能的科学评估为支付标准的长期合同,并严格执行。

PBL 的基本原理是通过改革军队的采购方式,激励创新,使保障提供方由传统的关注交易的数量转向关注质量和管理,从而在降低或不增加成本的条件下,提高系统的可用性水平。PBL 对保障供应方的激励作用如图 1-12 所示。

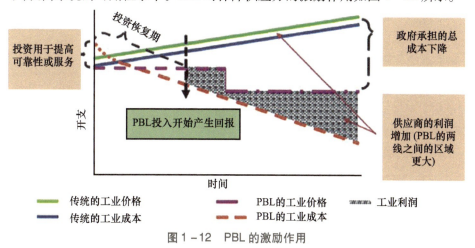

图 1-12 PBL 的激励作用

PBL 的本质是风险共担、效益共享和长期共赢。其中，风险共担是指以前军方独立承担的保障风险，现在由军方、保障集成方和保障供应商共同承担。效益共享是指使用这种保障模式可以降低企业成本，提高企业效率，同时保障效率也得到大幅提高。长期共赢是指基于性能的保障合同都是长期合同，这有利于企业对所保障的产品进行长期开发和维护，军方在这方面可以减少许多人力、物力、时间和精力的投入。

可以在系统、子系统和组件等不同的级别实施 PBL。系统、子系统和部件的定义如下：

(1)"系统"被定义为武器平台，例如战术飞机、主战坦克或导弹驱逐舰。系统可以容纳或保障由不同项目经理管理的其他系统。

(2)"子系统"是用于集成作战平台的关键分系统，例如飞机发动机、地面战术车辆火控系统或机载雷达等。

(3)"组件"通常定义为可以轻松卸下和更换的产品。组件可以是可修理的组件，也可以是几乎不需要或不能够修理的商品，例如飞机轮胎。

美国国防部、国防采办大学和美国宇航工业协会联合制定了国防部 PBL 奖，分别授予在系统、分系统和组件等级别表现卓越的 PBL 项目。

例如，2008 年，国防部 PBL 奖授予 F-22"猛禽"战机 PBL 团队系统级奖项，该 PBL 团队包括洛克希德·马丁公司、波音公司、Pratt & Whitney 公司和美国空军，以表彰该团队在 F-22 保障上达到了最高的战备完好性水平。

2008 年的 PBL 分系统级奖项授予了雷神公司和美国海军，以表彰他们在 ALV-67(V)雷达预警系统上的卓越贡献。该分系统的 PBL 合同始于 1999 年，截至 2008 年，已经节约了 2900 万美元，未来还将节约 3310 万美元的成本。

2008 年的 PBL 组件级奖项授予了通用动力公司和美国陆军，以表彰他们在 AN/TSQ 221 战术空域集成系统、空中交通管制和作战指挥系统中的卓越贡献。PBL 提高了这些组件的可靠性和维修性，减少了系统的停机时间，提高了使用可用性。

1.3.2　PBL 的发展历程

美军高度重视对装备使用与保障问题的研究，不断借鉴商业和现代管理的理论和实践推动军队装备保障问题的更好解决。实际上，PBL 也是从商业模式中借鉴而来的。

1999 年，美军与洛克希德·马丁公司①采用合作的方式，在萨克拉门托空

---

① 洛克希德·马丁公司全称洛克希德·马丁空间系统公司(Lockheed Martin Space Systems Company)，创建于 1912 年，是一家美国航空航天制造商。在 2016 年 12 月瑞典斯德哥尔摩国际和平研究所(SIPRI)发布的 2015 年度全球军工百强企业排行榜中，该公司仍然保持世界第一武器生产商的地位。

军后勤中心进行基地调整与关闭(Base Realignment and Closure,BRAC)工作为 F-117"夜鹰"隐身攻击机提供的保障①,可以被视为 PBL 的雏形。随后美军基于采办能力改革提出了 PBL 策略,这是 PBL 理论发展的起点。美军于 2000 年正式启动了第一个 PBL 项目,并且在 2001 版的《四年防务评估报告》中首次正式使用了该提法,随后在国防部指令 DoDD 5000.01《国防采办系统》(2003 年)中使用了该提法。在此阶段,美军主要参考商业领域的 PBL 实践,对武器装备保障过程中应用 PBL 进行了理论和初步的实践探索。

随着 PBL 理论的不断完善,美军先后在包括 FA-18、S-3、P-3 和 C-2 等作战飞机的多项武器装备保障中实践了 PBL。数据统计和分析结果表明,PBL 能够在降低(或不增加)保障成本的前提下,不同程度地提高装备可靠性和可用性、压缩供应链、减少保障规模等。2010 年秋,当时负责后勤与装备战备完好性的国防部副部长特许了一项研究。该研究的内容为分析 PBL 协议对全寿命周期费用影响,并将其与非 PBL 协议进行对比。研究结论表明,如果 PBL 被合理②且正确执行,该协议就可以在提高系统、子系统或组件战备完好性的同时,降低各军种的成本。在此阶段,美军主要通过军方和第三方机构对 PBL 项目进行评估,同时借鉴商业实践中的成功案例,对 PBL 理论进行修改和完善。

2016 年,美国国防部基于陆、海、空各军种 PBL 理论和实践,发布了《PBL 指南》③,用于指导和规范全军实施 PBL。《PBL 指南》描述了 PBL 的基本模型和步骤,标志着美军的 PBL 理论已经进入成熟和规范阶段,从而为在装备全寿命保障过程中推广和应用 PBL 打下坚实基础。

1.3.3 与传统保障模式的比较

PBL 实际上是一种产品保障策略,也是一种基于成本效益的保障模式。在传统的武器装备保障中,军队通过"购买零备件或服务"(pay for parts and services)的方式向工业部门获取保障产品或保障服务。PBL 是一种针对具体型号装备实施的基于成本效益的、全新的保障方式,其主要特征是从传统的以购买维修备件、工具、技术资料和训练设备为主的保障模式,向重点关注装备战备完好性、购买装备保障性能的新型保障模式转变。典型的装备维修过程如图 1-13 所示。

---

① 参见史蒂夫·吉尔里(Steve Geary)和凯特·维塔塞克(Kate Vitasek)于 2008 年 10 月出版的《基于性能的保障:寿命周期产品保障管理的合同商指南》(Performance - Based Logistics: A Contractor's Guide to Life Cycle Product Support Management)。
② "合理"指的是与 PBL 原则保持一致。
③ 2016 年美国国防部发布 PBL Guidebook —— A Guide to Developing Performance - Based Arrangements。

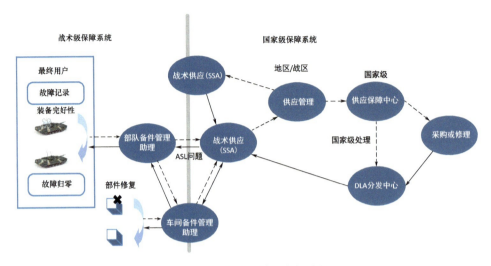

图1-13 典型的装备维修过程

装备在使用或者例行检查过程中,如果发现故障,终端用户(例如,部队修理技工)首先对故障部位进行定位,然后将故障的组件或部件拆除,使用新的或者功能完好的部件对故障件进行替换。此时,如果本地库存有需要的零部件,用户可以直接申请使用;但是如果本地库存中没有所需的零部件,就需要向供应系统申请。如果供应系统也没有该零部件,就需要向建制内的维修基地或者工业部门采购。对于传统的产品保障模式来说,这种采购是基于交易数量的,也就是说,交易的数量(包括购买的零部件数量或服务的次数)越多,工业部门获得的交易金额越高,获利也就越大。这种模式下容易出现的一种情况就是工业部门很少去(也不需要)关注最终的保障效果,甚至会出现质量越差,修理就越多同时获利就越高的现象。

装备保障的根本目标就是在减少保障成本的基础上提高装备可用性[1]。在装备可用性指标中,一个重要的分指标是响应速度,这是衡量保障水平的重要指标,是军队遂行作战任务的重要保证,也是装备保障一直致力提高的重要目标。海湾战争中,美军在波斯湾部署兵力耗时5个月,平均响应时间为49天。经过十几年的改革,现在平均响应时间缩短为21天,虽然进步很大,但相比地方商业公司平均1~2天的响应时间,差距还是很大的。此外,在维修周期和采购提前期上,军地之间也同样存在着巨大差距,如表1-1所列。

---

[1] 2010年,美国空军要求国家科学院国家研究委员会对空军装备保障进行调查,该委员会表示空军装备保障目标是提高装备可用性,同时减少使用和保障成本。

表1-1 美军与商业公司的保障响应对比

流程	美军	商业公司		
配送	平均21天	1天（摩托罗拉）	3天（波音）	2天（卡特彼勒）
维修周期	4~144天	3天（康柏）	14天（波音电子）	14天（底特律柴油机厂）
采购（提前期）	平均88天	4天（德州仪器）	0.5天（波特兰电气）	分钟级（波音,卡特彼勒）

美国国家研究委员会对军队的保障模式与大型商业公司的一般业务进行了比较。商业经营活动和空军保障模式在目标、指标等方面存在诸多不同，如表1-2所列。

表1-2 描述商业经营活动和空军保障模式的概念模型

项目	商业经营活动	空军装备保障
目标	战略愿景 利益最大化 可靠的投资回报	未定义的或不明确的最佳战斗状态
指标	成本和利润 操作性能 客户满意度	变化的飞机可用性 执行任务率
后果	奖励或置换	等待或延误

在传统的保障模式下，如果政府在需要开展维修工作时，向商业性质的产品保障合同商采购零部件或维护服务，合同商通常不会因为降低修理和修理用零部件需求而获得奖励。如果设备出现故障或需要大修，合同商会按交易次数逐一向各军种收取维修或替换费用。如果是购买性质的保障，合同商的收入和工作量则会随着故障的增加而增加。这种模式导致的结果就是合同商甚至会更喜欢"故障"，而不能保证国防部降低保障消耗。PBL根据性能而不是服务次数向合同商付款，于是在这种模式下，合同商无法根据交易次数获得利益。PBL方式可激励合同商在提供服务同时，注重减少维修次数和维修过程中所使用的零部件和劳动力成本，可以激励合同商减少系统停工时间。

PBL最初借鉴了商业保障案例，但是，PBL不是合同商保障。传统的合同商保障更多的是向合同商购买备件或服务等保障的"中间件"和"行动"，PBL更关注保障的"结果"。传统保障与PBL的比较如表1-3所列。

表1-3 传统保障与PBL的比较

对比内容	传统保障	PBL
支付标准	以购买数量和质量为主要依据	以保障结果为支付的主要依据
承担风险	所有风险由军方承担	军方和合同商共同承担风险
激励措施	几乎没有	灵活多样的激励措施
合同期限	一般较短	5~10年
供应链管理	军方库存大、管理成本高	军方可以减少供应链管理活动
企业创新	合同商没有动力对保障过程进行优化，甚至以产品缺陷获利	合同商不断对保障产品和过程进行优化改进，以减少风险、增加利润
实施效果	装备可靠性和可用性降低，保障成本越来越高	保障风险减少，装备可靠性和可用性升高，保障成本降低

在传统的合同商保障中，军方购买系统、修理用零备件、技术、修理服务，建立修理设施，以及进行管理等，负责供应链的所有方面，并承担所有风险，但是这种方式并不能使装备的可靠性和可用性得到提升，相反，还会造成保障费用越来越高、保障效果却越来越差等后果。PBL通过改革支付方式，采取多种灵活措施，使得传统的合同商也更加积极地参与装备保障过程的改革和优化，努力提升保障效益和质量。

PBL的保障优势主要体现在以下两个方面：①PBL不会改变备用零件、维修和保障工程的需求，但是会改变业务关系，从而影响用户如何获取这些需求；②PBL不会将供应链管理交给合同商，而是让合同商在可体现其价值的供应链管理功能中发挥作用、负担相应责任，更有利于高性价比的战备完好性。

1.3.4 基于性能的协议

基于性能的协议(Performance Based Arrangements，PBA)[①]是产品保障协议的一种形式，是产品保障经理与保障实体(包括建制内机构或商业机构)之间就特定系统、子系统和组件的PBL而签署的正式文件，是落实PBL的主要依据。PBA正式记录了达到性能要求所需的商定的保障水平和相关资金。与用户的PBA陈述了基于性能的产品保障工作的主要目标构成。无论是由商业还是由建制保障供应商提供，它们都建立了协商的性能基准和实现该性能所需的相应支撑。项目经理协商所需的保障级别，以可承受的资金成本实现用户期望的性能。一旦利益相关者接受了性能和成本，项目经理就会与用户团队一起加入基

---

① 实施PBL的主体既可以是建制内的实体机构，也可以是商业实体机构，根据《PBL指南》(2016年)，一般与建制内实体机构签署的称为"协议"(Organic Performance Based Agreements)，而与商业机构签署的是"合同"(Commercial Performance Based Contracts)。

于性能的协议,并指定保障和性能水平。同样,项目经理与建制资源或商业来源合同签订 PBA,重点是在成本、进度和性能方面为用户提供保障。因此,基于性能的协议可以描述为:①用户和项目经理之间的协议;②项目经理和保障集成商之间的协议;③保障集成商和保障供应商之间的协议。协议应保持灵活性,以促进执行年度资金和/或优先级修订,并阐明客观结果、性能衡量标准、资源承诺,以及利益相关方责任。PBA 及其在整个产品保障中与各方的关系如图 1-14 所示。

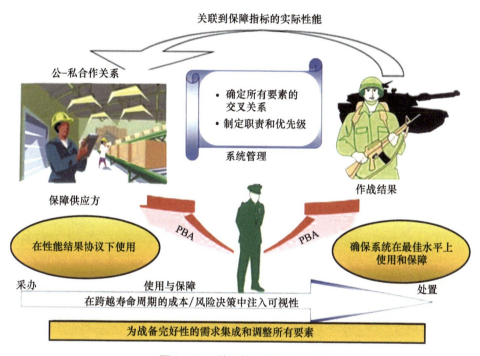

图 1-14 基于性能的保障协议

保障指标是 PBA 的基础。PBA 的性能指标反映在产生所需性能结果时主要的指标水平。通常,这些指标(如装备可用性、装备可靠性等)都与一些激励相关。但是,在制定协议时,由于缺乏保障供应商对产生用户性能(如可用性)所必需的保障活动的控制,可能无法将这些高级别性能目标直接表述为可度量的指标。这是因为一些国防部后勤政策或指导要求优先考虑国防部执行的维修和供应功能,这些功能跨越多个组织。因此,项目经理可以选择低一级的度量指标,保障供应方可以对其负责,并且指定哪些直接由保障指标负责。

实现用户要求(如装备可用性)的结果度量应该是质量度量(如装备可靠性)、响应时间(如周转时间)和适合于所需结果的成本度量之间的平衡。许多现有的后勤和财务指标可以与顶层用户性能结果相关联,包括但不限于后勤规模、非任务能力供应(Not Mission Capable Supply,NMCS)、供应链成本与销售的比率、维修修理周转时间、基地周期时间和协商的明确交付时间。在构建度量标准和评估性能时,重要的是要清楚地描述可能影响性能但不受保障提供者控制的任何因素。

虽然客观指标构成了供应商性能评估的主要部分,但产品保障的某些要素可能会由用户和项目经理团队进行主观评估。这种方法允许一些灵活性,以适应潜在的保障意外事件。例如,可能有不同的客户优先级与总体客观性能衡量标准相平衡。

与商业供应商一样,建制供应商将拥有一系列性能指标,这些指标将受到监控、评估、激励。对于建制组织提供的保障,PBA(与协议备忘录、谅解备忘录或服务水平协议的结构类似)可用于表示和记录建制保障协议的条款。但是,PBA与其他类型的协议之间的一个重要区别是,PBA包含与资金相关的、满足用户要求的商定的性能或保障指标。

值得一提的是,PBA指的是一种合同或协议的类型,并非所有PBA都会在其名称中体现。例如,美国国防部的一些包括PBL合同的项目有:C-17"环球霸王"Ⅲ保障伙伴(Globemaster Ⅲ Sustainment Partnership)、T-45"苍鹰"合同后勤保障(Goshawk Contractor Logistics Support)、高机动火炮火箭系统全寿命合同保障Ⅰ/Ⅱ(High Mobility Artillery Rocket System Life Cycle Contract Support Ⅰ/Ⅱ)、E-8联合监视和目标攻击雷达系统全系统保障职责(E-8 Joint Surveillance & Target Attack Radar System Total System Support Responsibility)、F/A-18"大黄蜂"集成战备保障组合(Hornet Integrated Readiness Support Teaming)等。其中,F/A-18E/F飞机的PBL又称为FIRST计划(F/A-18E/F Integrated Readiness Support Teaming Program的首字母),F-22飞机的PBL称为FASTeR(Follow-on Agile Sustainment for the Raptor)。这些合同都没有在其名称中注明是PBL合同,但是其合同的本质是PBL合同或协议。

第 2 章　基于性能的全寿命保障

第 1 章中提到,国防武器系统是"采办"而来,并非"采购"而来,国防采办涉及众多机构和组织,也涉及众多活动和要素。为了对国防采办进行有效管理,从而输出有效的产品和服务,国防采办需要对众多活动和要素按照不同阶段进行划分,从而在不同的阶段完成特定的工作。国防采办改革的主要方向是尽量在采办的早期阶段考虑保障问题并制定保障策略,并且随着采办阶段的不断推进,不断细化和优化保障策略。基于性能的保障的全称是基于性能的全寿命保障[1],保障也是采办的有机组成。在装备采办的各个阶段都需要考虑保障问题。本章从采办和系统全寿命的角度论述了保障问题,主要包括负责采办和保障的关键人物和组织、不同采办阶段产品保障计划的制定和细化,以及不同采办阶段保障的主要活动和事件。

2.1　采办和全寿命保障计划

国防采办是国防建设的重要内容,是输出武器装备、信息和国防业务系统以及服务的系统活动。

2.1.1　国防采办的组织系统

美军于 1986 年建立并完善了国防采办项目管理组织系统,形成了"国防采办执行官—组件采办执行官—项目执行官—项目经理"国防采办项目管理指挥链,形成了国防部集中统管与各军种分散实施相结合的采办管理体制。美国国防采办的指挥链如图 2 - 1 所示。

美军结合国防采办的实际情况,强调了对采办指挥链精简的重要性。图 2 - 1 提供了国防采办指挥链的一般情形,实际中任何项目的指挥链取决于项目的规模和采办的类别。美军大部分项目都是军种或国防部业务局单独管理

---

[1]　在 2019 年发布的《产品保障经理指南》中指出,基于性能的全寿命保障是基于性能的保障的最新的发展形式。

的项目,少量为跨部门的项目。此外,项目经理领导的项目管理办公室还下设若干一体化产品小组,负责项目某一领域的管理工作。这种结构提供了从国防采办执行官到组件采办执行官、项目执行官,再到各个项目经理的明确的权限范围。下面是采办指挥链的关键任务和节点的简要介绍。

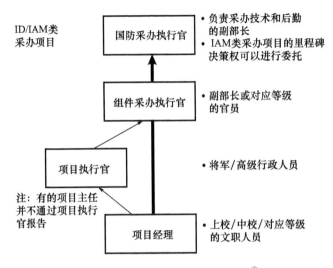

图2-1 美国国防采办的指挥链[①]

1. 国防采办执行官

国防采办执行官(Defense Acquisition Executive,DAE)[②]由国防部负责采办、技术和后勤的副部长担任,是国防部采办管理的最高长官,也是美军采办项目管理的最高决策当局,DAE 的职责是制定国防采办政策和监督全军采办系统,并作为 ID 类采办项目和 IAM 类采办项目的里程碑决策当局,批准 ID 类采办项目和 IAM 类采办项目的采办项目基线[③]。

2. 组件采办执行官

国防部下设各业务局、军种部和作战司令部等部门(component)[④],每个国防部部门中负责采办事务的高级官员被称为部门采办执行官(Component Ac-

---

① 资料来源:Defense Acquisition University. Introduction to Defense Acquisition Management(Tenth Edition),2010 年,本图参考原报告第 25 页图 5-1"DoD Acquisition Authority Chain"。

② DoDD 5000.1 规定,国防采办执行官在国防部长和副部长之后的所有采购事务上享有优先权。其他一些指挥链的示例包括:国防信息系统局(DISA)的采办主管向 DISA 的主管报告;特种作战司令部(SOCOM)的采办主管向 SOCOM 指挥官报告。

③ 关于采办项目的分类,将在后面一节中详细介绍。

④ 国防部现有 10 个作战司令部(Combatant Command):4 个职能型司令部和 6 个地理型作战司令部。职能型司令部包括特种作战司令部、战略司令部、运输司令部和赛博司令部;地理型司令部包括非洲司令部、欧洲司令部、中央司令部、印-太司令部、北方司令部和南方司令部。

quisition Executives, CAE)。CAE 可以是军种部部长,也可以是得到权力委托的国防部业务局。各军种部长将权力委托给副部长一级,通常称为军种采办执行官(Service Acquisition Executive, SAE)。SAE 领导和监督各军种自身的采办管理工作,落实国防采办执行官的有关政策和计划,制定军种研究、发展和采办政策,编制国防采办的规划计划和年度预算,监管军种采办项目的实施过程。各军种采办执行官分别是:

(1)陆军的 SAE 是陆军负责采办、后勤和技术的副部长;
(2)海军部(包括陆战队)的 SAE 是海军负责研究、开发和采办的副部长;
(3)空军的 SAE 是负责采办的空军副部长。

军种采办执行官接受国防采办执行官和军种部长的双重领导:向国防采办执行官报告项目采办事宜,向军种部长报告行政管理和本军种国防采办进展情况。每个 SAE 也作为各自军种部的高级采购主管负责管理指导各自军种的采购系统。很多国防业务局和联合司令部也有采办执行官。

3. 项目执行官

项目执行官(Program Executive Officers, PEO)通常是将军或同等级别的高级行政文职人员,负责对一组类似项目进行一线监督,每个项目均由项目经理管理。例如,陆军用于地面作战系统的 PEO,海军用于战术飞机计划的 PEO,以及空军用于作战和任务支持的 PEO。PEO 的数量随军种和时间的变化而变化,但是各军种通常设有 5~12 个 PEO,每个执行官负责某一个领域装备的采办管理工作。当前的政策规定,除非获得负责采办、技术和后勤的国防部副部长的豁免,否则 PEO 不承担任何其他指挥职责。通常 PEO 可作为所有Ⅲ类采办项目的里程碑决策者,少量Ⅱ类项目经 SAE 批准,也可以由 PEO 担任里程碑决策当局。

4. 项目经理和项目管理办公室

项目经理(Program Manager, PM)的主要职责是负责项目的全寿命全系统管理[1]。PM 的任期根据项目大小、进度等的不同,任职时间有长有短。PM 领导的项目管理办公室(Program management office, PMO)是实施项目管理的基本组织形式,负责采办项目从方案论证、研制、生产到使用保障的全寿命管理工作。美军 PMO 采用矩阵式组织管理模式,PMO 有固定编制的人员,也可以根据需要从各职能部门中临时抽调人员,这种矩阵式的组织管理模式,融合了职能型和项目型管理模式的特点,特别适合规模巨大、技术密集的项目。PMO 的人数从十几人到数百人不等,而且随着采办项目的进度变化,PMO 的人数也会发

---

[1] 有些项目经理被标记为"直接报告项目经理"(Direct Reporting Program Managers),他们直接向组件采办主管或里程碑决策当局报告工作。

生变化。

5. 一体化产品小组

一体化产品小组(Integrated Product Team,IPT)是美国国防部借鉴商业管理的成功案例,从20世纪90年代起在国防采办项目管理中开始推广的一种管理模式,这种管理模式把与项目相关的各个部门、各个专业的人员组合到一起,为了项目的成功而共同努力,从而帮助决策者在正确的时间做出正确的决策。

IPT分为以下几种类型:一种是设在国防部的顶层一体化产品小组(Overarching IPT,OIPT),每个ID类和IAM类的采办项目都要指派一个OIPT;在国防部各业务局或军种部,根据项目管理需要,可以组建不同职能的工作层一体化产品小组(Working – level IPT,WIPT),如试验策略 IPT、成本和性能 IPT等,WIPT通常由项目经理或其委托人领导,根据需要召开会议,帮助项目经理进行项目规划,以及准备OIPT的审查等工作。在PMO内部,项目经理还可以根据项目情况组建各种IPT,实施一体化产品和过程开发。如F – 22战斗机PMO就组建了飞机、发动机、培训和保障等IPT,负责各自领域的计划管理、沟通协调以及提供咨询等工作。

2.1.2 采办项目类型

根据采办项目的费用和重要性等因素,可以划分不同的采办类型(Acquisition Category,ACAT),不同类型的采办项目决策者不同,批准进入国防采办系统下一阶段的决策过程也不相同。采办项目类型和主要特征如表2 – 1所列。

表2 – 1 采办项目类型和主要特征

采办项目类型	主要特征和标准
ACAT Ⅰ	(1)重大国防采办项目:研究、开发、试验和鉴定的总费用超过4.8亿美元[①],或者用于采购的总费用超过27.9亿美元;或者里程碑决策者指定为Ⅰ类的项目。 (2)里程碑决策者指定为特别关注的项目
ACAT ⅠA	(1)重大自动化信息系统[②]:里程碑决策者指定的;单一财年的总费用大于7500万美元;从装备方案分析到全面部署的总费用超过4亿美元;从装备方案分析到退役的总费用超过8.15亿美元。 (2)里程碑决策者指定为特别关注的项目

---

① 表中的美元金额均按照2014财年的美元价值计算。

② 自动化信息系统是由计算机硬件、计算机软件、数据或通信等组成的系统,行使诸如收集、处理、存储、传输和显示信息等功能。下列计算机资源,不管是硬件还是软件,都不属于自动化信息系统:武器或武器系统的有机组成部分;应用于高度敏感和保密类项目;应用于其他高度敏感的信息技术项目;由国防采办执行官或其代理决定最好作为非自动化信息系统实施监管的项目等。

续表

采办项目类型	主要特征和标准
ACAT Ⅱ	(1)不符合 ACAT Ⅰ和 ACAT ⅠA 类标准的采办项目。 (2)重大系统:RDT&E 超过 1.85 亿美元;用于采购的总费用超过 8.35 亿美元;或里程碑决策者指定为Ⅱ类的采办项目
ACAT Ⅲ	(1)不符合Ⅱ类和以上类型的项目。 (2)不属于重大自动化信息系统或业务系统的自动化信息系统项目

需要最高等级投资的是重大国防采办项目或者重大自动化信息系统项目。重大国防采办项目和重大自动化信息系统项目需要大量的法定和规程报告。通过对采办项目进行分类,可以促进分散化政策制定、执行和遵守法律的强制要求。

2.1.3 全寿命保障计划

国防采办改革的重要趋势,是将保障作为全寿命过程的一部分。国防部指令 5000.02 要求制定全寿命保障计划(Life – Cycle Sustainment Plan,LCSP)并作为项目批准程序的一部分,以记录保障战略的实施方式。LCSP 记录了项目管理者制定、实施和执行保障战略的计划,以便系统设计以及产品保障包(包括任何保障合同)的开发得到整合,并通过达到关键性能指标和关键系统属性实现维修和作战需求。LCSP 描述了将保障需求制定和整合到系统设计、开发、试验与鉴定、部署和使用中所需的方法和资源。LCSP 应根据不同的保障对象量身定制,以满足在以下领域记录当前计划的需求。LCSP 的主要内容如表 2 – 2 所列。

表 2 – 2 LCSP 的主要内容

序号	主要内容(提纲)
1	引言
2	产品保障性能
3	产品保障策略
4	产品保障协议
5	产品保障集成包(product support integrated package)状态
6	影响保障性能的条令/法规要求
7	综合进度
8	资金
9	管理
10	保障性分析
11	其他保障规划要素
12	附件

LCSP 随着采办阶段的推进也在不断细化、完善。全寿命保障计划和执行跨越系统整个全寿命阶段,LCSP 的演变过程如图 2-2 所示。

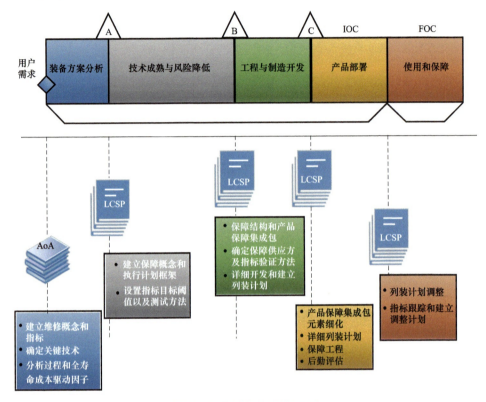

图 2-2 LCSP 的演变过程

LCSP 从装备方案分析阶段开始,描述了确定保障需求的产品保障和维修概念,以优化分析结果和减少全寿命成本。LCSP 从战略大纲演变为管理计划,描述了系统设计和采办过程中的保障工作,以确保实现作战人员所需的必要性能和保障成果。它在里程碑 B 演变为详细的执行计划,用于设计、获取、保障产品保障包,以及实现从系统部署到应用、测量、管理、评估、修改和维修。

通过里程碑 C,LCSP 描述了产品保障包的实施状态(包括任何与维修相关的合同),以实现保障 KPP 或 KSA。除了保障系统性能阈值标准并满足不断变化的用户准备需求外,LCSP 还详细说明了该计划如何管理使用维护成本并减少后勤规模。在全速率生产决策审核更新后,LCSP 描述了保障经济可承受的装备可用性以及适应修改、升级和再采办的计划。它应该针对任何后 IOC 保障评估进行更新,并且应至少每 5 年更新一次。

随着项目的不断成熟,LCSP 还将继续进行更新,以反映日益增加的细节。细节和关注点将根据全寿命阶段而有所不同,但在所有情况下,信息应足够深入,以确保采办、设计、维修和用户群体尽早知晓保障要求、方法和相关风险。

项目经理负责 LCSP 的内容和准备。产品保障经理是项目经理的联络人,负责开发此文档,作为管理所有维修工作的程序工具。

产品保障经理必须利用维修 IPT 来制定一个计划,特别是在开发和执行 LCSP 时,项目经理应与用户、产品保障经理、产品保障集成商和产品保障供应商合作,记录指定客观结果、资源承诺和利益责任相关方的性能和保障要求。一旦开发出来,为了确保团队整合,LCSP 应该得到项目经理、产品保障经理、合同官、首席财务分析师和首席工程师的批准。最后,确保保障决策审查的次要目的的最佳方法是,包括来自适当的里程碑决策机构的代表(行动官)作为保障 IPT 的成员。

有效的 LCSP 服务不仅是后勤人员和维修利益相关者的批判性思维的纽带,而且是全面提供有效和经济可承受的产品保障所需的职能之一。

2.2 产品保障业务模型

产品保障业务模型(Product Support Business Management,PSBM)为产品保障提供了从作战需求到产品保障供应商的关系框架,PSBM 清晰地描述了产品保障经理、保障集成商和保障供应商之间的角色、关系、责任、义务和业务协议。这些角色和职责与其责任和义务一致,如图 2-3 所示。

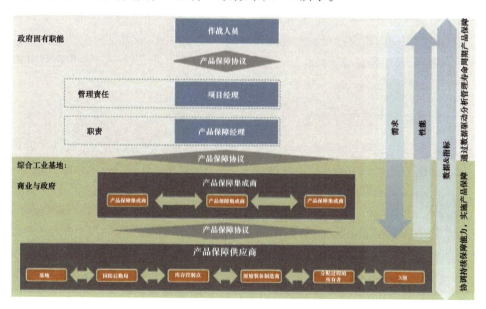

图 2-3 产品保障业务模型

该框架将在寿命周期内完成武器系统组件、子系统或系统平台保障的计划、开发、实施、管理和执行，有效地描述了国防部通过平衡最大武器系统可用性与最经济的可预测总拥有成本(total ownership cost)来确保获得最佳产品保障的方法。

2.2.1 项目经理

PSBM 强调了产品保障经理作为主要产品保障执行代理的作用，负责集成产品保障集成商以满足作战的要求。

图 2-3 所示框架的上层层级指定了从作战人员的性能要求开始的，在整个寿命周期中开发和管理整体产品保障策略的固有职能。项目经理负责项目寿命周期的管理责任，并负责整个寿命周期中与系统的开发、生产、维修和处置相关的所有活动的实施、管理和监督。在此过程中，项目经理有责任制定适当的维修保障策略，以实现与分配的作战人员资源一致的有效且经济可承受的战备状态。项目经理通常将产品保障职能的监督和管理职责委派给产品保障经理，产品保障经理负责开发、实施以及所有保障来源的顶层集成和管理，以满足作战的维持和战备要求。政府的这一高层角色不仅对于提供整个系统级的国防资源，而且对于提供整个国防资源的投资组合和企业级能力都是至关重要的。

该框架的下层层级描绘了产品保障实施机构。与该模型强调基于绩效/成果的产品保障方法一致，可能需要特许一个或多个产品保障集成商，以整合其实施协议范围内定义的公共和私人保障来源记录，并赋予需要分配性能的责任实体整合、管理和监督下级保障功能的权力。下面各小节分别对各角色及其职责进行简要叙述。

2.2.2 产品保障经理

产品保障经理(Product Support Manager, PSM)负责向项目经理提供武器系统产品保障方面的专业知识，以执行项目经理作为全寿命周期系统经理的职责。产品保障经理的主要职责包括：制定并实施基于结果的全面产品保障策略；在适当的层次上促进最大程度的竞争和小型企业参与，同时实现对作战的最佳价值和长期成果的目标；利用交叉项目和跨国防部组件的项目机会；使用适当的预测分析工具来确定首选的产品保障策略，以提高装备的可用性和可靠性，并降低运维成本；实施制定适当的产品保障协议；与项目经理、用户、资源发起者和部队供应者一起，根据需要调整产品保障集成商和产品保障供应商之间的绩效水平和资源，以优化策略的实施并根据当前的作战要求和资源可用性来管理风险；确保武器系统的产品保障协议描述了如何有效地采购，管理和分配政府拥有的零件库存,以防止不必要的零件采购;在 LCSP 中记录产品保障策略;进行定期的产品保障策略审查,保证产品保障策略随着武器系统在其生命周期阶段的成熟而发展。在全速率生产上,LCSP 应该描述系统相对于性能指标的表现以及确保指标达到要求的所有纠正措施。应至少每五年或在每次更改策略之前对策略以及基础分析进行审查和重新验证,以确保跨系统、子系统和组件级别保持一致,从而保障最佳价值结果。

2.2.3　产品保障集成商和产品保障供应商

产品保障经理根据保障计划确定产品保障集成商(Product Support Integrator,PSI),并与 PSI 密切合作,共同完成产品的保障目标。PSI 可以是政府实体也可以是商业实体。PSI 负责在特定产品保障要素内或跨产品保障要素的一个或多个产品保障供应商的活动和输出,也存在管理子系统级 PSI 的系统级 PSI。此外,PSI 还可以通过直接执行产品保障供应商的功能完成其产品保障角色。

产品保障供应商(Product Support Supplier,PSP)被赋予完成 IPS 要素所代表的功能的职责,这些要素在业务案例分析(Business Case Analysis,BCA)流程中与法规和政策保持一致,包括为实现作战保障成果而提供的最佳价值范围或依法分配的工作量。

PSI 由产品保障经理决定分配。需要说明的是,并非所有项目都需要 PSI;某些项目可能使用多个 PSI;可以指定一名或多名 PSI。但是一般来说,获得特定责任范围分配的 PSI 的数量应与武器系统子系统或组件,或者是特定 IPS 要素保持一致。例如,可以指定一名 PSI 负责整个武器系统的工作,或者两名 PSI 负责飞机机身和推进系统的工作,或者如上所述,为武器系统的多个子系统或组件指定多名 PSI。每个 PSI 都应负责获得其持续保障职责范围内规定的性能成果。PSI 可以是商业实体,也可以是建制内的机构或实体。建制内的机构和商业实体作为保障集成商各有利弊,但无论项目选择是在建制内机构还是商业实体之间分配工作,产品保障经理最终都应对产品保障协议的实施负责。

2.3　全寿命阶段的保障

随着国防采办改革的推进,在采办工作的初期就需要考虑保障问题,保障已经成为国防采办寿命阶段的一部分,并随着国防采办阶段的推荐逐步细化完善。《PSM 指南》引入了保障成熟度(Sustainment Maturity Level,SML)[①]的概念,可以帮助产品保障经理确定在不同阶段应执行的活动以及应何时完成活动,以

---

① 后面章节有关于保障成熟度的进一步介绍。

确保随着项目逐渐成熟,保障也逐渐完善。

产品保障集成包是保障各要素和活动的统称,产品保障集成包的开发和部署随着时间的推移而发展。保障包取决于各种变量,例如作战原则、技术变化以及商业和政府维修能力。因此,用于衡量实施过程成熟度的一致指标可在各个团队之间传达进度。产品保障经理可以使用 SML 来评估项目在实施产品保障策略方面的进度,包括设计和最终的产品保障包,以实现可持续性指标。SML 概念解决了全方位的保障选项,从传统的基于建制内的保障到完全基于商业的产品保障,而没有规定特定的解决方案。此外,SML 方法可以应用于主要子系统,以提供一种通用的、一致的、可重复的手段来表达和理解产品保障包的成熟度。SML 可以利用试验和使用阶段收集的实际数据来不断改进产品保障策略。

系统全寿命阶段的保障成熟度的演变关系如图 2-4 所示。

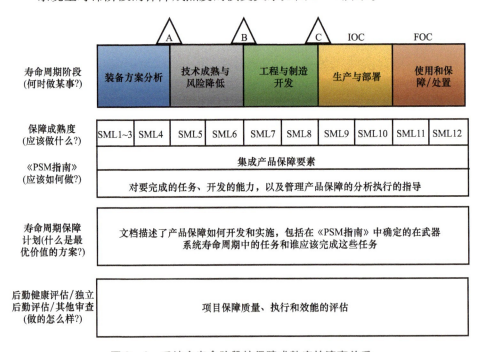

图 2-4 系统全寿命阶段的保障成熟度的演变关系

一旦系统部署完毕,SML 将帮助产品保障经理确定应采取的措施(WHAT should be done?),以确保随着时间的推移和环境的变化,保障策略将继续满足作战人员的需求。具体活动和完成时间将取决于每个项目的特定要求和情况,并由产品保障经理决定。产品保障经理应该能够阐明保障解决方案的保真度或成熟度为什么在该时间点适合该项目。如图 2-4 所示,寿命周期阶段确定何时应该执行某些操作(WHEN something should be done?)。SML 确定应该做什么,而《PSM 指南》则帮助回答了"我该怎么办?"(HOW do I do it?)这个问题。结果是 LCSP 中记录了一个日趋成熟的保障策略。独立后勤评估(Independent Logistics Assessment,ILA)评估了产品保障经理在战备维持方面的成功程度。下面各小节将详细分析装备采办不同阶段的保障活动。

2.3.1 装备方案分析阶段

装备方案分析(Materiel Solution Analysis,MSA)阶段的目的是进行分析和其他活动,以选择将要购买的产品的概念,开始将经过验证的能力差距转化为系统特定的需求,包括关键性能参数(Key Performance Parameters,KPP)和关键系统属性(Key System Attribute,KSA),并进行计划以决定产品的保障获取策略。此阶段的关键活动包括备选方案分析、成本与性能权衡、经济可承受性分析、风险分析以及减轻风险的计划等。一般此阶段可用的实际数据很少,数据一般来自类似系统的类比或工程预测结果。因此,该阶段的主要目标是确保在 LCSP 中识别并记录影响可持续性的用户需求和作战环境约束。产品保障经理团队将以 SMI 为工具,执行装备方案分析阶段所需的活动,这些解决方案与表 2-3 中的项目关键事件保持一致。

表 2-3 里程碑 A 活动与文档

寿命周期阶段	项目启动	装备方案分析	里程碑 A
保障成熟度(SML)		SML 1~4	
关键事件、输入/输出产品/文档	ICD	AoA	ICD,LCSP,BCA,SEP,DMS
IPS 元素			
产品保障管理		×	
设计接口		×	
保障工程			
供应保障		×	
维修计划和管理		×	
PHST		×	
技术数据		×	
保障装备		×	
训练和训练保障		×	
人力和人员		×	
设施和设备		×	
信息技术系统连续保障		×	

装备方案分析阶段的装备保障成熟度为 1~4 级。1~4 级的成熟度表示需

要确定作战需求和作战概念,以确保所有的利益相关者都理解并能达成一致。这通常是产品保障经理的责任(如果还未指定产品保障经理,也可以由其他实体执行)。后勤和保障能力以及潜在的维修概念应作为备选方案分析的一部分进行评估。此阶段的边界条件应包括以下内容:

(1)作战概念(Operational Concept,CONOP)。进行"实际中的一天"用例场景,以了解在作战环境中如何保障该系统。

(2)IPS要素。评估每个IPS要素并为每个IPS要素的实施建立初始基准。

SML 1~3 活动将使用这些边界条件,而 SML 4 活动则重点关注项目开发工作如何选择和确定保障 KPP 与 KSA,这是项目集成系统需求定义中的考虑因素。装备方案分析阶段的关键信息如表2-4所列。

表2-4 装备方案分析阶段的关键信息

输入	输出
初始能力文档(Initial Capabilities Document,ICD);备选方案分析(Analysis of Alternatives,AoA)计划;备选的维修和保障运行概念	AoA(包括市场调查结果);能力开发文档;技术问题的考虑(采办策略的一部分);试验与鉴定策略;采办策略;系统工程计划(System Engineering Plan,SEP);替代系统保障计划;全寿命保障计划;知识产权策略;物品唯一标识码(Item Unique Identification,IUID)计划(系统工程计划的一部分);业务案例分析;应计成本目标;关键后勤决心

在装备方案分析阶段,定义产品保障策略具有最大的灵活性。基本目标是使产品保障策略与作战要求保持一致。因此,产品保障经理在此阶段的约束最少,应在军种内部和外部积极探索每个IPS要素的现有解决方案,并了解潜在的解决方案在何种程度上实现相似的性能和成本结果要求。项目寿命周期的初始阶段是推广标准化系统、组件、备件和保障设备的最佳时机。产品保障经理应该特别关注其后勤主管部门,以更好地获得关于潜在企业协同增效的机会。一旦确定了潜在的基于良好性能/结果的策略,产品保障经理应分析将这些解决方案移植到其项目中的可行性,并确定是否有必要与作战人员澄清和协商不断变化的要求。

IPS要素在此阶段仍然相对不受限制,因为它们的主要功能是帮助定义潜在的产品保障替代方案。在此阶段,IPS中的后勤规模和系统设计等要素受到影响相对较大。

此阶段的数据可能很小,不确定性很高。无论如何,PSM必须通过创建至少一个业务案例分析(Business Case Analysis,BCA)来尽可能地限制这种不确定性,该BCA将在获得更好的数据时进行更新。在此阶段进行分析的主要目的是确保在制定潜在的维持策略时,确定完整的全寿命周期费用并用于方案比较。此外,PSM必须使用建模和仿真来支撑备选方案的分析,并为保障指标阈值和目标定义所需范围。

LCSP 作为保障概念在此阶段开始。此阶段根据国防采办指南创建 LCSP；LCSP 将根据初始 CDD 中确定的备选方案分析结果和要求，确定初始的保障和维修概念。

2.3.2 技术成熟与风险降低阶段

此阶段的目的是将技术、工程、集成和全寿命周期费用风险降低到可以使开发、生产和保障计划成功执行的程度并能够做出工程与制造开发合同的决定。PSM 在技术成熟与风险降低阶段的主要目标是确保保障性设计功能实现保障性 KPP/KSA，并将其纳入总体设计规范中。IPS 要素的重要活动是制定供应链绩效要求、后勤风险和风险缓解策略、装备方案分析文档、培训策略、保障设备计划、技术数据管理和基础设施，以及人力和人事策略中的维修概念和维持运营计划。

PSM 团队将执行保障该保障解决方案的技术成熟和降低风险阶段所需的活动，这些阶段由以表 2-5 所列的项目关键事件为基础的 SML 构成。

表 2-5 里程碑 B 活动和文档

寿命周期阶段	技术成熟与风险降低	里程碑 B
保障成熟度（SML）	SML 5~6	
关键事件，输入/输出产品/文档	PDR，ILA	APB，CDD，AS，LCSP，TEMP，DMS，SEP，ICE
IPS 元素		
产品保障管理	×	
设计接口	×	MAC
保障工程	×	
供应保障	×	
维修计划和管理	×	CLA
PHST	×	可移植性报告
技术数据	×	
保障装备	×	
训练和训练保障	×	STRAP
人力和人员	×	
设施和设备	×	
信息技术系统连续保障	×	

该阶段的 SML 为 5~6 级。SML 5~6 建议对初始系统功能进行分析，确定初始可保障性目标和要求，制定初始的以可靠性为中心的维修管理策略并将其

与系统工程过程集成。实现产品保障策略所需的设计功能（包括诊断和预测）应纳入系统性能规范。试验与鉴定总体计划解决了何时以及如何验证维持设计特征和维持指标。LCSP 应该得到书面批准，以包括供应链绩效要求、人力、信息技术基础设施、防腐蚀和控制规划、保障设备计划、后勤风险和缓解计划、初步保障策略以及初步产品保障协议策略。

产品保障经理通过 ILA 衡量此阶段的成功，作战概念、产品设计对实现保障策略的影响、产品保障要素的寿命周期、产品保障经理的组织结构和项目管理团队集成等边界条件会影响系统级产品保障包的设计。此阶段的关键信息如表 2-6 所列。

表 2-6 技术成熟与风险降低阶段的关键信息

输入	输出
能力开发文档（Capability Development Document，CDD）初稿（包括保障技术问题）；采办策略；经济可承受性分析；试验与鉴定策略；初始保障与维修概念；保障策略；DMS；IUID 计划	AoA（包括市场调查结果）；系统性能配置；能力开发文档；初始设计审查结果；试验与鉴定总体计划；有计划的环境、安全与职业健康评估（Environmental，Safety & Occupational Health Evaluation，ESHE）；知识产权策略；采办策略；系统工程计划；人-系统集成；合作机会；关键后勤分析/修理来源分析；里程碑 A——批准的修理来源决策；工业能力；全寿命保障计划；寿命周期成本估计和人力估计；初步的维修计划；采办项目基线（Acquisition Program Baseline，APB）；经济可承受性评估（包括国防部组件的成本分析）；经济性分析；替代系统保障计划；有计划的 ESHE 合规性进度；应计成本目标

此阶段的数据更加成熟，因为实验室生成的数据更加可靠，保障概念也得到了进一步完善，从而可以使用更好的类似数据。此数据可帮助确定在产品保障组织建立期间的企业协同机会。PSM 应该使用此阶段中可靠的更成熟的数据来施行试验与鉴定总体计划的后勤部分。建模与仿真技术仍旧是重要的工具，用于确定 IPS 要素之间的关系。在此阶段中，PSM 还应创建初始基准"图"，该图将为 PSM 提供一种方便的方式，以了解产品保障组织中所有实体之间的相互关系。

PSM 应将先前开发的概念性的保障策略完善为集成的初步产品保障策略。PSM 应该使用 BCA 流程来完成此任务，重点是了解由需求开发流程产生的替代品实现作战所需结果的可能性。

初始 LCSP 应该在此阶段完成并获得批准。此时应制定产品保障包开发计划，以构建执行 LCSP 所需的产品保障协议。

另外，与里程碑 A 一样，此阶段的资金投入集中在确保提供投资账户资金来开发该系统，并在适当的时候对将在维持期间减少全寿命周期费用的创新项目进行计划和资助。

2.3.3 工程与制造开发阶段

PSM 在工程与制造开发(Engineering and Manufacturing Development,EMD)阶段的目标是确保该项目开发一个集成的后勤系统,该系统可满足战备目标、保障系统性能能力阈值标准、管理运维成本、优化后勤规模以及遵守环境和其他法律法规。

PSM 团队将执行产生解决方案所需的活动,这些解决方案以 SML 为特征,这些 SML 与表 2-7 中定义的项目关键事件一致。

表 2-7 里程碑 C 活动和信息

寿命周期阶段	工程与制造开发	里程碑 C
保障成熟度(SML)	SML 7~8	
关键事件,输入/输出产品/文档	CDR,T&E,Log Demo,ILA	APB,CDA,CPD,AS,DSOR,LCSP,TEMP,IUID 计划,CPCP,DMS,TC,MR,基地维修保障计划,处置计划,PBA,BCA,SEP,非建制保障转换计划
IPS 要素		
产品保障管理	×	
设计接口	×	
保障工程	×	
供应保障	×	补给品数据
维修计划和管理	×	CDA,MAC
PHST	×	可移植性报告
技术数据	×	装备出版物
保障装备	×	
训练和训练保障	×	STRAP
人力和人员	×	BOIP
设施和设备	×	
信息技术系统连续保障	×	CR 管理计划

在 EMD 阶段的 SML 为 7~8 级。7~8 级的保障成熟度表示产品保障包要素需求已经集成并最终确定,同时也反映了批准的系统设计和产品保障策略通过测试证明设计符合保障要求,并且在边界条件也适用。此外,根据最新的配置和试验结果来估算保障指标。演示并验证了批准的产品保障包的功能,包括相关的供应链以及其他后勤流程和产品,以确保保障解决方案在操作上合适且价格合理。表 2-8 列出了关键的输入/输出事件/文档。

表2-8 工程与制造开发阶段的关键信息

输入	输出
备选方案分析(包括市场调查结果);系统性能配置;能力开发文档;主要设计审查结果;试验与鉴定总体计划;有计划的ESHE;信息保障计划;采办策略;人-系统集成;合作机会;核心后勤分析/修理来源分析;工业能力;寿命周期保障计划;寿命周期成本估计和人力估计;初始维修计划;APB;经济可承受性评估	采办项目基线;采办策略;经济可承受性分析;能力出示文档;符合Clinger-Cohen法;合同类型确定;合作机会;关键后勤确定/保障工作量估计;通用装备评估;独立成本估计;独立后勤估计;试验与鉴定总体计划;有计划的ESHE的合规性进度;寿命周期保障计划;人力估计;知识产权策略;腐蚀预防与控制计划;能力生产文档输入;系统工程计划更新;技术准备程度评估;充分提供资金验证备忘录;应计成本目标

产品保障组织最初具有一定的灵活性,但是通过产品保障协议的分析和协商,这种灵活性被有形的进一步固化的产品保障组织所取代。通过分析可以确定在此阶段应捕获的协同作用。这些协同作用主要位于供应链之内,并且包括诸如利用与商业伙伴之间的现有合同来获得商品和服务的采购中的规模经济,扩大这些工业和技术卓越中心内的能力以及通过配送过程责任人最大程度利用国防部的配送过程。

在此阶段,保障性设计功能将通过交易以及其他设计考虑因素纳入成熟的设计中。此外,产品保障组织对初始作战能力的保障也应该不断成熟。相应地,IPS要素权衡是作战与保障人员之间进行协商的一部分,以最终确定PSI和PSP的产品保障协议要求。PSM应该更新基线产品保障组织的"图",该图以实体、所需的服务级别、产品保障协议、信息渠道以及任何其他相关信息来解决每个IPS要素。

由于该系统原型将投入使用,因此在此阶段中,数据比以前的阶段更加成熟。这意味着将更少地依赖于类比数据,而更多地依赖于工程分析数据。由于不确定性较小,因此使用BCA开发产品保障协议并做出投资决策,将成为产品保障包的主要组成部分。应使用实际数据更新用于库存计划、人力计划、培训计划和所有其他IPS要素的产品保障模型,并检查实际数据与先前分析评估之间的差异,以验证或更换新产品保障决策工具的选择。

根据产品保障策略确定供应链设计。供应链的各个方面都应推动实现作战所需的性能和成本指标,并应建立适当的机制,在所有有助于管理和组成供应链的服务、代理商和商业实体之间自动共享电子数据和信息。供应链评估将侧重于确保运营可保障性和验证性能。它应该包括对要素的全面描述以及部署计划。

BCA的输出应与批准的产品保障策略一致,除政府拥有的库存外,初始配置决策还应考虑创新方法,例如直接供应商交付(Direct Vendor Delivery,DVD)、主要供应商委托或可租赁的维修策略。当PBL协议使用商业资源时,PSM应该与库存控制点或国防后勤局合作,精简现有的政府库存,并调整库存水平和预测以满足需求的变化。应该验证用于提高装备可靠性的故障模式、影响级危害性分析(Failure Mode Effects and Critical Analysis,FMECA)数据收集渠道。这将有助于产品保障经理减少学习曲线,并在系统使用寿命的早期改善可靠性。

寿命周期保障计划在此阶段继续成熟。资源需求是由预计的现场设计、基于测试结果的产品保障包性能以及用于部署和使用系统的特定"服务"方法驱动的。通过计划管理团队和外部利益相关者之间的协作,确定并商定生产和部署阶段的资源需求。这时特别重要的一项是选择基地维修地点。在关键设计评审(Critical Design Review,CDR)的90天内,应该最终确定修理的基地来源(Depot Source of Repair,DSOR),并将其转发给适当的军种官员以供批准。一旦获得批准,DSOR分配应记录在LCSP中,并完成所有确定基地级维修计划的剩余措施。在里程碑C,LCSP将专注于确保运营可保障性和验证性能。它将包括对产品保障包资源要求和部署计划的全面描述。

2.3.4 生产与部署阶段

PSM 在生产与部署(Production & Deployment,P&D)阶段的主要目标是很好地执行 LCSP,并不断监视执行情况,以根据运营实际情况快速调整 LCSP。PSM 团队将执行以 SML 为特征的保障解决方案的活动,这些活动与计划关键事件一致,如表 2-9 所列。

表 2-9 初始作战能力活动和文档

寿命周期阶段	生产与部署	初始作战能力(IOC)
保障成熟度(SML)	SML 9~10	
关键事件,输入/输出产品/文档	LRIP, TPF, PPP, FRP, OT&E, ILA	任务保障计划, PSP, BCA, MR 批准, 装备列装计划, 处置计划
IPS 元素		
产品保障管理	×	BCA,初始作战能力审查
设计接口	×	
保障工程	×	
供应保障	×	DMSMS 计划
维修计划和管理	×	
PHST	×	
技术数据	×	装备出版物
保障装备	×	
训练和训练保障	×	指令的培训项目
人力和人员	×	专门人员
设施和设备	×	基地维修能力
信息技术系统连续保障	×	CR 管理计划

生产与部署阶段的成熟度为 9~10 级。SML 9~10 表示产品保障包已准备好保障初始作战能力。产品保障包的维持和保障功能在作战现场得到了证明,通过测试发现的任何问题或"弱点"也都有正在执行的修复计划。最后,根据产品保障组织能否满足计划的装备可用性、可靠性、拥有成本和保障作战人员所需的其他保障指标来对其性能进行评估。该阶段的关键文档如表 2-10 所列。

表 2-10 初始作战能力关键文档

输入	输出
初始产品基线;试验结果;计划的 ESHE;采办策略;人-系统集成;试验与鉴定总体计划;信息保障计划;寿命周期保障计划;更新的维修计划;更新的经济可承受性评估;CPD 输入;成本/人力估计的更新	寿命周期保障计划/保障性评估策略/后期制作保障计划;业务案例分析;产品保障协议(如 ICS、CLS、建制内的或者基于性能的);后期制作软件保障计划/合同;采办策略和数据管理管理策略;装备发布批准和装备列装计划;DMSMS 计划;基地维修保障计划;配置管理计划;替代系统保障计划(Replaced System Sustainment Plan, RSSP)

PSM 在此阶段应专注于监视自身和其他上级组织内部产品保障的发展,以寻找新的最佳实践或高性能共享服务供自己使用。LCSP 在此阶段相对成熟,并且仅在有充分理由的情况下才会修改保障策略。IPS 要素权衡关系与上一阶段相比也基本没有变化,但是 PSM 对这些关系的理解可能会随着数据收集而发展。

此阶段的分析着重于监视和识别计划成本与实际成本差异、计划性能与实际性能差异的根本原因。对实现所需性能目标(包括预测结果与实际结果之间的差异)的每个 IPS 要素的持续分析结果表明,任何 IPS 要素的实施策略修改都必须在实施之前进行分析,以使成功的可能性最大化。

在此阶段应密切监控供应链性能,PSM 应采取措施确保容易拿到用于生产的零件,考虑供应链管理者可能将这种获取视为备件的现成来源,因此必须使得供应链管理者保持谨慎,否则,供应链将倾向于默认以备件为中心的策略。

在此阶段中,将实施批准的 LCSP 的产品保障包。PSM 将持续收集使用数据来验证性能和应计费用是否按计划进行。如果业务分析表明需要更改 LCSP,则 PSM 必须根据需要更新 LCSP 和产品保障包。

在此阶段,可以用采购资金来支付一些保障费用,但 PSM 必须对使用和维护费用规划保持警惕,以确保可执行产品保障计划。PSM 应与项目经理和项目执行官合作,以调整服务或联合资金以保障该系统。

2.3.5 使用与保障阶段

使用与保障(Operation and Support, O&S)阶段代表了武器系统生命周期的最长持续时间,并且构成了武器系统全寿命周期费用的最大部分(大约 60%~

70%）。作为国防部预算中最大的组成部分，使用与保障阶段对寿命周期的影响是巨大的。

使用与保障阶段开始后，武器装备便具备了作战能力。在形成初始作战能力时，产品保障策略的主要目标之一是确保项目能够持续实现 KPP 和 KSA。在使用中，武器装备的使用需求（使用节奏、使用环境、任务变更）、保障（基础设施或能力）、资金限制等都可能需要进行更改，每次更改产品保障经理都需要通过业务案例分析对产品保障策略有效性进行评估，以此作为评估和修订产品保障策略的基础。

产品保障经理必须重新验证其项目的保障策略，并确保它仍然在适用性和经济可承受性之间达到最佳平衡。法规要求每当提出新的保障策略或每五年（以先到者为准）就需要重新使用 BCA 进行验证。PSM 必须持续监控和评估其项目，以了解保障策略的适用性并确定何时需要更新策略。尽管 PSM 不是做出最终处置决定的决策机构，但 PSM 必须认识到系统何时达到其计划的使用寿命，以确定使用寿命或处置计划。

使用与保障阶段的 PSM 任务与设计或开发过程中的 PSM 任务不同。在设计和开发期间，PSM 会计划进行维修。在使用与保障期间，PSM 会执行维修，同时持续监视系统性能并评估产品保障策略的有效性和经济可承受性。系统投入使用后，使用问题、系统可靠性、需求率、响应时间、资金需求和产品保障供应商性能是可见的，必须根据需要加以解决，其中实际数据可作为分析和产品保障决策的基础。系统的增量开发可能会引发对保障武器系统的多种配置或模块的需求。

随着系统的老化和发展，PSM 角色也会随之改变。停产的系统具有牢固的维修基础结构，并且由于零件和组件磨损等因素影响而降低了可靠性，通常会遭受性能下降和维修成本上升的困扰。面对重大的日常挑战并保持使用可用状态，PSM 很难对产品保障策略进行周密的评估和修订。阻力最小的途径通常是缩小所需备件的差距，并调整优先次序，以解决不断发展的关键项目，而很少有时间来分析和修改产品保障策略。但是，除非 PSM 采取积极行动来完成这一关键行动，否则性能下降和使用维护成本上升的"死亡螺旋"只会恶化。PSM 必须在使用与保障阶段成功应对这些挑战。PSM 团队将执行以 SML 为特征的保障解决方案，这些活动与项目关键事件保持一致，如表 2 - 11 所列。

表 2 - 11 O&S 活动与文档

寿命周期阶段	使用与保障(O&S)	初始作战能力(IOC)
保障成熟度(SML)	SML 11 ~ 12	
关键事件，输入/输出产品/文档	初始作战能力之后审查，独立后勤评估，CDA	任务保障计划，PSP，业务案例分析，MR 批准，装备列装计划，处置计划

续表

寿命周期阶段 IPS 元素	使用与保障(O&S)	初始作战能力(IOC)
产品保障管理	×	BCA,初始作战能力之后审查
设计接口	×	
保障工程	×	
供应保障	×	DMSMS 计划
维修计划和管理	×	
PHST	×	
技术数据	×	装备出版物
保障装备	×	
训练和训练保障	×	指令的培训项目
人力和人员	×	专门人员
设施和设备	×	基地维修能力
信息技术系统连续保障	×	PD SW 保障

使用与保障阶段的 SML 为 11~12 级。SML 11~12 表示正在根据维修指标定期评估维修和产品保障性能,并采取纠正措施。产品保障包已根据性能和不断变化的作战需求进行了完善和调整,并且实施了经济可承受的系统使用有效性计划。

此外,分析还显示出了产品改进、修正和升级的机会,并且这些更改已在计划中。产品保障策略已经过完善,可以通过为 IPS 中的每一个要素提供建制内和商业保障的最佳价值组合来实现作战所需的结果。最后,系统退役和处置计划已按要求实施。表 2-12 列出了使用与保障阶段的关键文档信息。

表 2-12 使用与保障阶段的关键文档

输入	输出
寿命周期保障计划/保障性评估策略/后期制造保障计划;业务案例分析;产品保障协议(例如 ICS,CLS,建制内或基于性能的);后期生产软件保障计划/合同;采办策略和数据管理策略;装备发布批准和装备列装计划;DMSMS 计划;基地维修保障计划;配置管理计划	废弃处置实施计划;替代系统保障计划(Replaced System Sustainment Plan,RSSP)

在使用与保障阶段,LCSP 已经成熟,只有在更改能够获得较大收益(例如,可以通过更改获得大量节省成本的机会或难以达到需要更改的性能目标)时,才会修改保障策略。在使用与保障期间主要使用的一种协同手段是技术插入(Technology Insertion,TI),该过程用于从战略上提高系统功能或可靠性,或通过

现代化来缓解 DMSMS 问题。PSM 必须了解与技术插入有关的收益和风险。经济可承受性的提高与技术插入随时间推移的可扩展性以及难易程度有关。技术插入项目计划反映了长期可承受性、保障性、性能和可用性的战略。在体系结构级别解决技术插入时，成功的可能性更大。使用标准、模块化设计和开放系统方法可使技术插入受益。尽管技术插入在维持给定功能的系统级别上计划成功，但是如果将技术插入放在同领域或项目办公室级别进行处理，然后在特定项目中进行协调，则更可能获得更大收益。PSM 的角色应与技术插入的高层战略规划以及集成产品团队的其他成员（包括系统工程师和财务）在保障系统的开发和部署方面进行协调并保持一致。

在里程碑 C 之前启动并完成的生命周期 BCA 是项目经理和项目保障经理用于确定武器系统最佳保障和最佳价值维持解决方案的工具。寿命周期 BCA 从开发和建立计划的技术基准开始，其保真度取决于系统的设计成熟度以及维修计划的成熟度。

供应链与它所保障的系统并行发展。PSM 应该与其 PSI 或 PSP 紧密合作，以监控供应链的健康和效率。进入此阶段后该系统将不再投入生产，任何依赖于生产供应链的产品保障策略都需要转移到纯粹的保障供应链上。而且，DMSMS 的风险在这段时间内增加，PSM 必须每年对供应商的状况进行评估以持续监控这一情况。由于性能基准是与工业部门一起制定和实施的，因此必须在增加 PSI 或 PSP 的竞争以保持价格下降压力与适当的合同期限之间取得平衡，以鼓励通过创新进行工艺和产品改进的投资。目标是以低的成本提供可靠的性能，而不是简单地通过降低成本来竞争并且无须考虑性能变化。

在使用与保障阶段之前，LCSP 主要是估计和假设。在使用与保障阶段，LCSP 主要根据产品保障性能和不断变化的需求，使用新的分析和收集的经验数据进行更新，以确保项目持续性或增加其相关性。这些分析和数据必须具有足够的细节和重点，确保 PSM 能够做出基于事实的决策，同时也确保 PSM 负责的采办团队、设计团队、维修团队和用户团队对不断发展的维修要求、方法和风险保持共识。

LCSP 的关键部分是维修计划，其中包括预防性维修计划和基地维修计划。随着新的数据的收集和分析，这些计划应在整个使用与保障阶段进行更新。此外，对维修计划更新和维修计划数据进行质量审查、批准并发布，以便用户获得维持武器系统和相关设备所需的 IPS 要素产品。最后，当发生以下一个或多个事件时，请检查在役装备的维修计划和维修概念：

(1) 作战场景发生重大变化；
(2) 硬件维修的重要驱动因素发生了变化；
(3) 产品保障未达到设计要求，会对可用性或成本产生不利影响；
(4) 从现役系统使用中获得的实际经验。

在国防部中,维修计划是"动态文件"。PSM 应监视维修计划的执行情况,并确保在确定的维修规范和范围内以正确的级别进行维修。PSM 应使用现有的系统来监视维修过程、新出现的安全问题、设计变更实施过程以及可能影响使用寿命和维修实践的武器系统使用趋势。

2.4 PBL 的财务因素

在基于性能的全寿命保障过程中需要提供稳定的资金策略。项目经理和产品保障经理在获取武器系统持续保障中扮演着重要角色。制定 PBL 的资金策略需要考虑资金来源及其不确定性,并且给各当事方提供足够灵活可变的调整范围。

2.4.1 "金钱的颜色"

PSM 需要关注执行产品保障策略所需的资金。产品保障策略的资金受以下法规约束:美国法典第 31 篇 1301 节——用途法规;第 31 篇 1502 节——可用的定期贷款;第 31 篇 1517 节——可用金额,以及第 31 篇 1341 节——金钱的颜色(color of money)。其中"金钱的颜色"是美国在 PBL 中经常使用的一个术语,"金钱的颜色"指的就是不同类型的拨款。

资金的类型主要包括直接拨款和国防周转资金两大类,其中直接拨款又分为研究、研发、试验与鉴定拨款,采购拨款,使用与保障拨款,军事人员和军事建设拨款等几种类型,不同类型的拨款范围和有效期限如表 2-13 所列。

表 2-13 不同类型的拨款范围和有效期限

拨款类型		范围和有效期
直接拨款	研究、研发、试验与鉴定拨款	涵盖了研究、研发、试验与鉴定活动和相应的开支。政策允许增加资金,资金的有效期为两年
	采购拨款	针对金额超过 250000 美元的部件或与其相当的成品、所有中央管理物品、初始备件和与特定生产工作(例如产品组装、质量保障)相关的劳动力采购。政策要求全额资助,资金有效期为三年
	使用与保障拨款	针对金额低于 750000 美元的补充备件、燃料、文职人员工资、建设项目,以及单位成本低于 100000 美元的差旅安排、非中央管理成品。政策要求按年支付,资金有效期为一年
	军事人员拨款	针对军事人员开支。政策要求按年支付,资金有效期为一年
	军事建设拨款	涵盖了金额大于 750000 美元或与其相当的建设项目。政策要求全额资助,资金有效期为五年

续表

拨款类型	范围和有效期
国防周转基金	一种无期限、可循环的基金,可保障合同使用多年履约期。这类合同无需国会的多年期合同授权,大大简化了合同执行过程。资金按每年递增的方式用于长期合同,减少了必须在规定时间内支付的金额

国防周转资金并非以营利为目的,因此它可以保留私营企业可能选择剥离的能力。例如,它保留了低需求的备件库存,这是老化武器系统的重要考虑因素。它在平时保留了过多的维修能力,这可以在突发事件中使用。一旦在预算中确定了国防周转资金零件或维修费用,价格在执行年度通常不会改变。因此,PSM 为项目或工时预算的价格是 PSM 支付的价格。一些国防周转资金维修活动具有特殊的权限,使他们可以与私营部门公司建立伙伴关系,从而允许 PSM 充分利用公共和私营部门的优势。国防周转资金运行模型如图 2-5 所示。

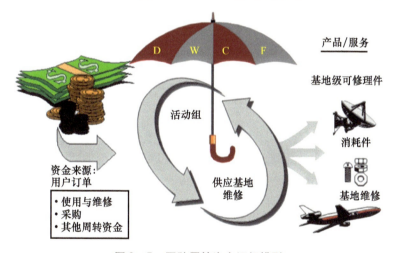

图 2-5　国防周转资金运行模型

国防周转资金提供了一个专用的、集成的、由国防部拥有并在全球范围内运行的供应、运输和维修系统。

2.4.2　资金来源的选择过程

在国防部内部,各军种可使用周转基金或直接拨款来签订基于性能的保障协议。图 2-6 给出的决策流程图可为项目保障经理寻求最佳资金来源提供帮助。

国防部和各军种提供的指导意见在确定持续保障协议的最佳筹资机制时具有非常重要的参考意义。

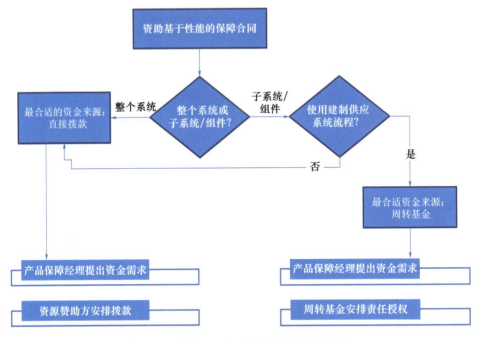

图2-6 基于性能的保障合同拨款决策流程

2.4.3 不同类型资金的特点

周转基金是适合于 PBL 相关供应、基地级维修和运输活动的资金来源。此外,该基金还可进一步促成长期合同的履行,因为这是一种可循环的军事服务基金。对于通过供应与财务系统相互影响的作战人员来说,由周转基金资助的 PBA 清楚易懂。值得注意的一点是,客户会使用拨给上述类型协议的款项来偿还周转基金。使用周转基金资助基于性能的保障协议的优点包括长期性、灵活性和成本可见性。

直接拨款适合完全在现有的军种供应链和正常的需求生成过程之外使用,或者是涵盖了超出供应、维护和运输活动范围的完整系统的基于性能的保障协议。拨款类型取决于寿命周期阶段(一般来说指的是工程阶段的采购、研究、研发、试验与鉴定,以及持续保障阶段的使用与维护)。由于受与各类拨付资金相关的义务限制,直接拨款资助的 PBA 会限制长期合同授予的灵活性。但是,灵活性可通过年度选择的方式维持。此外,直接拨款还可为多年期基于性能的保障协议提供资助。

直接拨款性质的合同筹资可能需要产品保障经理遵守军种特有的与采办司令部和装备司令部基于性能的保障资金协调相关的政策。例如,采办司令部可能设定五年期的持续保障计划,而装备司令部则可能为不在未来年度国防计划范围之内的年份提供资金。当筹资责任从采办司令部转至装备司令部,产品保障经理必须在资金需求和充足的交付周期之间进行协调,以确保不对规划过程造成影响。

图2-7所示的进程图提供了一个简单的工具,该工具可用于验证筹资过程适应产品保障替代方案执行过程的环节。

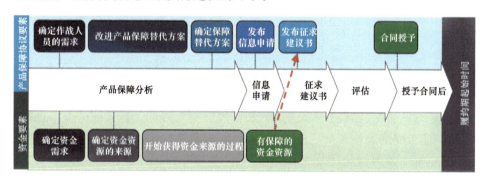

图2-7 与基于性能的保障合同授予相关的拨款考虑因素

在确定资助基于性能的保障协议的合适财务机制时,必须重点考虑与获得必要的财务资源相关的时机。与预算环境的变化保持同步是一件非常复杂的事情,可能使资金的分配变得非常耗时且充满挑战。就这一点而言,最好在本过程的范围内尽早开始制定筹资策略和获取必要的财务资源,以避免基于性能的保障协议的执行出现延误。

第 3 章　PBL 实施政策与指南

PBL 是美国国防部武器装备保障的首选策略。国防部制定了多个政策和指南，以帮助项目经理和产品保障经理有效地采用 PBL。国防部的理论分析和实践经验均已表明，如果 PBL 实施得当，则可以有效降低武器系统的全寿命周期成本、有效提高装备和系统的使用可用性，同时减少维持该系统所需的后勤规模。本章对美国国防部层面最新发布的与 PBL 相关的政策和指南进行分析[①]，国防部的这些政策和指南包括 6 种，本章论述这些政策和指南在哪些方面对 PBL 的实施有利，并且研究这些政策和指南在 PBL 实施过程中的相互关系。

3.1　PBL 实施模型

本章提出的 PBL 实施模型为每个政策和指导文件的分析提供了基础结构。该模型开发的目的是使用系统工程方法创建功能需求分析（从需求"实施 PBL"开始）。该模型将每个高级功能需求分解为适当的最低级别，以便反映实施 PBL 概念所需的所有相关功能。

3.1.1　国防部关于 PBL 的政策和指南概述

2005 年发布的《基于性能的保障：项目经理的产品保障指南》通常又称为《PBL 指南》，该指南是从美国国防部现有 PBL 项目中汲取的经验教训而编写的。第一版《PBL 指南》于 2001 年前发布，内容很少涉及项目经理如何实施 PBL 以及如何为项目办公室制定 PBL 战略。根据 PBL 的实施情况，《PBL 指南》经历了几次版本更新，融入了国防部其他的政策法规和 PBL 实践过程中的经验教训。

国防部层面的关于 PBL 实施的政策和协议包括 6 种，分别如下：

（1）国防部指令 DoDD 5000.01《国防采办系统》（2015 年）；

---

① 在国防部组件和各军种的层面还存在一些与 PBL 相关的政策和指导文件，但是本章重点是论述国防部层面的 PBL 相关的政策和指南，因为与国防部的组件和各军种的政策和指导文件相比，国防部层面的政策和指南更具有宏观和普遍意义，同时也不失全面性。

(2)国防部指示 DoDI 5000.02《国防采办系统的运行》(2015 年);
(3)备忘录《更好的购买力 3.0》(BBP 3.0)(2015 年);
(4)《PBL 综合指南》(2013 年);
(5)《产品保障经理指南》(2011 年发布,2016 年更新);
(6)《PBL 指南》(2016 年)。

在这几个文件中,前 4 个文件属于"政策"文件,后 2 个属于"指南"。在后续分析中,建立 PBL 实施模型时并未参考任何当前的政策或指导文件,以免造成任何偏差;同时假设 PBL 的政策和指南中存在大量的空白信息,这些信息阻碍了国防部实施 PBL,并以此为依据,逐一讨论这些政策和指南对实施 PBL 的影响。

3.1.2　模型背景和目的

建立 PBL 实施模型的目的是帮助理解实施 PBL 的要求以及当前 DoD 政策或指导文档中是否解决了 PBL。该实施模型以图形方式描述 PBL 中的关键功能或要求,并从物理上识别这些政策和指导文档中的不足。

为了构建模型,使用了一个称为功能分析的系统工程过程来分解"实施 PBL"的总体功能。通过功能分解,系统地确定了对实现 PBL 至关重要的基本功能。这些关键功能(模型中的 1.1~1.6)是从逻辑上生成的,标识了实现 PBL 的绝对必要功能或需求,以及对 PBL 的个人知识、经验和理解。本质上,若这些基本功能大部分无法实现,PBL 可能无法成功或有意义地实施。通过确定关键功能和子功能的过程,出现了可视化模型,可用于评估给定的政策或指导文档是否标识或解决了实现 PBL 所必需的全部或部分功能和子功能。因此,该模型可作为一种手段来识别当前的国防部政策和 PBL 指南政策存在的差距。

需要着重强调的是,创建 PBL 实施模型的目的是识别并描述实现 PBL 所需的功能或要求。此外,它旨在帮助读者轻松地识别本文中有关 PBL 的政策和指南中的不足。建立该模型的主要目标是确定需要改进的政策或指南,更好地帮助国防部成功实施 PBL。此模型本身并不打算评估 PBL。因此,它是一种客观地标识实施 PBL 所需的所有功能或要求的方法,着重于实现 PBL 所需的内容,而不是应如何实现 PBL。

3.1.3　PBL 实施模型

如前所述,建立 PBL 的实施模型没有参考当前任何政策和指南,这可以避免这些政策和指南对模型的干扰;PBL 实施模型刻画了可实施 PBL 所需要的关键职能,通过对这些职能与国防部层面的 PBL 实施政策和指南的分析,以此确定 PBL 政策和指南的不足以及改进的方向。建立的 PBL 实施模型如图 3-1 所示。

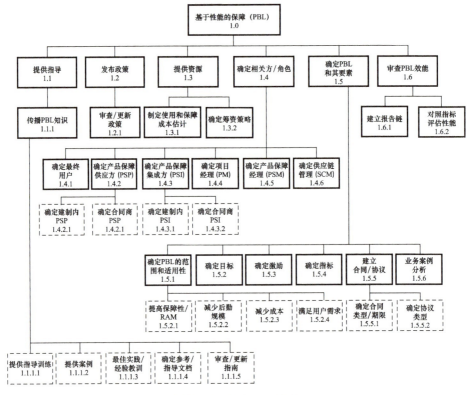

图 3-1　PBL 实施模型

关于 PBL,《更好的购买力 3.0》中指出,PBL 在正确建立和执行以后,无论行业或政府是否提供后勤服务,都是平衡成本和性能的有效方法;PBL 还特别对服务合同(如维护和保障合同),提供了明确的生产力激励措施,从而确保国防部价值的最大化。PBL 实施模型中明确了实施 PBL 需要的 5 项主要职能以及各项职能分解后的更具体的职能。实施 PBL 的 5 项职能如下。

1. 提供指导

为了实施任何新的流程或开展业务,领导层必须提供指导以帮助组织实施。政策与指南不同,政策告诉必须做什么,而指南试图解释如何以及为什么要实施新的流程。提供指导包括提供 PBL 相关的知识(包括相关的概念、原理等)、案例、最佳实践和经验教训,提供参考文件和指导,以及对 PBL 的相关问题进行说明和培训等。

2. 发布政策

毫无疑问,政策必须是清晰且需要定期/不定期的更新。PBL 是一个不断发展的概念,政策必须根据 PBL 的实践经验和实际情况进行更新。同时,在涉及 PBL 的各项法规和文件中,这些政策和文件必须保持一致,在必要的时候这些政策文件还需要包含审查/更新时间表。

3. 提供资源

通常,资金和人力等资源对于实施 PBL 是必不可少的。更具体地说,资源规划活动要确保标识足够的资源用于实施 PBL。该内容不包括有关项目办公室如何通过项目目标备忘录流程来获得资金(通常为运营和维护拨款)以资助维持活动的行为。提供资源的过程主要包括制定运行和维护成本估算、确定资助策略等。

4. 确定利益相关方

系统工程过程的关键是确定可能受系统影响的所有的利益相关者。"系统工程是一个系统的过程,包括旨在提供流程可见性并鼓励利益相关者参与的审查和决策点。系统工程流程包括项目的各个阶段的利益相关者,从最初的需求定义到系统验证和鉴定"。确定利益相关方的职能包括确定最终用户,确定产品保障供应商和产品保障集成商,确定项目经理和产品保障经理等。

5. 定义 PBL 及其要素

在有效实施 PBL 之前,必须彻底理解 PBL 的概念和要素,主要包括:确定 PBL 的范围和适用性;确定 PBL 的目标,例如,提高系统的可靠性(reliability)、可用性(availability)和维修性(maintainability)[①],减少后勤保障规模,降低成本,以及满足终端用户的要求等;确定激励措施;确定 PBL 的指标;建立 PBL 合同或协议;执行业务案例分析等。

上面每个职能的定义和描述旨在提供对模型及其组件的理解。通过更好地了解模型的职能要素以及它们如何描述实施 PBL 的基本必要性,可以看到如何通过评估给定文档是否解决模型职能要素来识别政策和指南中的信息空白。在下一节中,将根据本章中模型职能的定义和说明,对选定的与 PBL 相关的政策和指导文档进行差距分析。

3.2 PBL 政策的实施分析

本节利用上一节建立的 PBL 实施模型,对选定的国防部政策文档可能存在的信息空白进行识别。通过对每个政策文档的仔细审查和分析,找出各自文档中未能覆盖或解决的模型职能要素,这些要素将在图 3-2 中以图形的方式标记。如前所述,"政策"针对的是模型中的高层元素,政策旨在描述必须完成的工作,而不是如何完成工作。图中红色虚线边界内的元素所示的是 PBL 政策相关的元素。

[①] 一般根据可靠性、可用性和维修性的英文首字母缩写,将这三者简称为"RAM"。

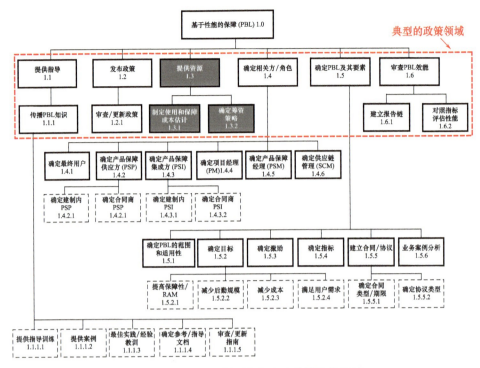

图3-2 PBL实施模型中指定政策覆盖的区域

将每一个PBL相关的政策与PBL实施模型中的职能要素进行差距分析,以此确定PBL的相关政策对PBL实施要素的空白。在后面的分析中,如果该政策文件能够覆盖该PBL实施要素,则该要素就用绿色区域表示;如果该政策文件不能覆盖该PBL实施要素则该要素用红色区域表示;如果在某些文档中,讨论了某些要素,但没有以确定的方式帮助成功实施PBL,那么这些要素被染成黄色。

3.2.1 DoDD 5000.01《国防采办系统》

国防部指令DoDD 5000.01《国防采办系统》是确立所有DoD采办项目政策的主要文件。该文档的层级很高,它在很短的篇幅内(不足7页),不仅规定了相关的政策,也对所要强制执行的概念提供了简洁但明确的定义。例如,对于PBL,DoDD 5000.01中规定:

"项目经理应制定并实施基于性能的保障策略,以优化系统总体可用性,同时最大程度地降低成本和后勤规模。涉及成本、有用服务和有效性的权衡决策应考虑防止和缓解腐蚀。保障策略应包括根据法定要求,通过政府/行业合作计划,充分利用公共和私营部门的能力。"

根据 PBL 的实施模型，DoDD 5000.01《国防采办系统》中关于实施 PBL 覆盖的要素如图 3-3 所示。

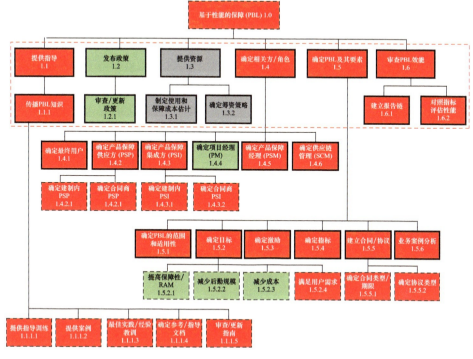

图 3-3　DoDD 5000.01《国防采办系统》对 PBL 实施模型的分析结果

从图 3-3 中可以看出，在 PBL 的实施模型中，DoDD 5000.01《国防采办系统》所能覆盖的要素非常少，该文档缺少的 PBL 实施的顶层职能要素包括：

(1) 1.1　提供指导；

(2) 1.4　确定相关方/角色；

(3) 1.5　定义 PBL 及其要素；

(4) 1.6　审查 PBL 效能。

实际上，DoDD 5000.01《国防采办系统》并不是实施 PBL 的有用参考。DoDD 5000.01《国防采办系统》是国防部实施国防采办的顶层政策，对于具体的 PBL 实施过程并无特别具体的指导意见。

由于国防部指令文件篇幅较短，所以很难在统一文件中继续明确更多的要素和细节，可能的改进措施是在该指令文件中添加对其他政策或指南的引用和说明。

3.2.2　DoDI 5000.02《国防采办系统的运行》

国防部指令 DoDI 5000.02《国防采办系统的运行》确定了国防采办系统的总体管理原则和强制性政策。DoDI 5000.02《国防采办系统的运行》的附件 6

是关于全寿命保障的部分。关于PBL,该文件指出,项目经理在产品保障经理的支持下:

"在制定系统的产品保障协议时采用有效的基于性能的保障计划、开发、实施和管理,PBL是基于性能的产品保障,通过PBA获得成果,这些协议可以满足作战人员的要求并激励PSP通过创新降低成本。"

该文档还指示项目经理和产品保障经理不断评估和修订产品保障方法,同时还要监视产品保障性能,以免对系统可用性和成本产生负面影响。与DoDD 5000.1《国防采办系统》相比,DoDI 5000.02《国防采办系统的运行》提供了更多的有关产品保障的指导和信息,但是,该文档同样没有提供具体实施PBL的详细指导。该文档提供了PBL的定义,还确定了PSI和PSP可以是建制内的、商业机构或者两者的组合,定义了特定的保障指标,同时明确了项目经理和产品保障经理将采用的PBL策略。

根据PBL的实施模型,DoDI 5000.02《国防采办系统的运行》能够覆盖的PBL实施职能要素如图3-4所示。

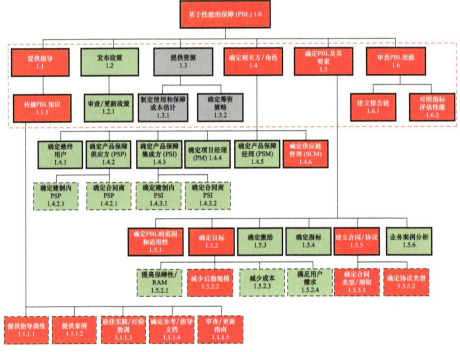

图3-4 DoDI 5000.02《国防采办系统的运行》的模型分析结果

根据PBL实施模型定义的PBL实施的元素,DoDI 5000.02《国防采办系统的运行》缺少的顶层要素如下:

(1)1.1 提供指导;

(2)1.4　确定相关方/角色；
(3)1.5　定义 PBL 及其元素；
(4)1.6　审查 PBL 效能。

3.2.3　《更好的购买力 3.0》

《更好的购买力 3.0》(BBP 3.0)是分管采办与后勤的国防部副部长提供的一系列实施指令和附件中的一项备忘录，该备忘录旨在提高国防部采办、技术和后勤的生产率、效率和效能。BBP 3.0 为 PBL 的实施提供了大量的指导，同时国防采办大学为 PBL 的实施提供了大量的课堂学习和在线培训课程，并且为 PBL 的实施提供了专门的培训团队，来帮助相关人员制定和管理 PBL 协议。

根据 PBL 的实施模型，BBP 3.0 对 PBL 实施的功能和元素的覆盖如图 3－5 所示。

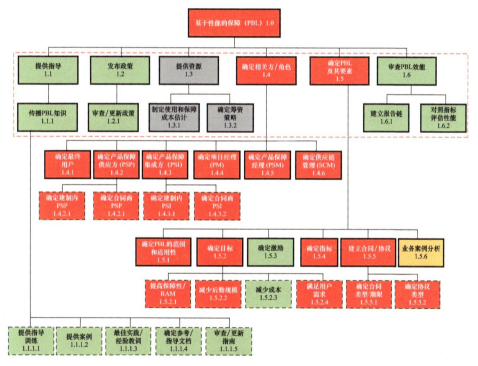

图 3－5　BBP 3.0 的模型分析结果

BBP 3.0 不能覆盖以下 PBL 的职能要素：
(1)1.4　确定相关方/角色；
(2)1.5　定义 PBL 及其要素。

在确定利益相关方时，BBP 3.0 未能确定 PBL 的关键利益相关方和实施者，即项目经理和产品保障经理。项目经理和产品保障经理在 DoDI 5000.02

《国防采办系统的运行》中被明确为项目级别实施 PBL 的主要责任方。如果没有确定这两个关键利益相关者,则各军种或组件级别的采办负责人可能不了解其组织中谁负责 PBL 实施。同样,专门涵盖 PBL 并确保其有效使用的文本也从未将有效实施 PBL 的好处与最终用户或作战人员增加武器系统的可用性联系起来。相反,仅声明它确保美国国防部的最佳价值。这种方法含糊不清,缺乏针对 PBL 的一个非常重要的目的,即获得必要的系统可用水平并满足作战需求。在定义 PBL 及其要素方面,BBP 3.0 没有充分定义或解决 PBL 的某些要素,以提供清晰的内容。BBP 3.0 指出 PBL 的协议可能并不适合所有的保障情况,也未确定任何对 PBL 协议有用的指标。BBP 3.0 提到了要平衡成本和性能,但是没有将 PBL 与减少后勤规模、提高系统可靠性和可用性,以及满足最终用户和作战人员的需求联系起来。

3.2.4 《PBL 综合指南》

2013 年 11 月 22 日,ASD(L&MR)发布了有关提高 PBL 有效使用的《PBL 综合指南》(2013 年)的备忘录。该文件的目的是增强来自《更好的购买力 2.0》(BBP 2.0)的信息,并帮助更好地实施 PBL。尽管该文件提供了指导,但它是一份政策文件,因为它指导向高级领导提供 PBL 协议的详细信息和状态,并通过国防采办大学培训课程和学习资源来促进项目经理和产品保障经理专业人员的教育。该文件旨在审查 PBL 协议的效力,并建立报告链,以改善国防部所有员工队伍的工作重点和沟通能力。此外,本文档还负责收集采购事业领域的功能数据,以便将任何变更通知国防采办大学,使 PBL 培训保持最新状态。反之,国防采办大学的任务是提供一个经验教训和最佳实践的资料库,以便与员工共享。

《PBL 综合指南》(2013 年)文件还给出了 PBL 的定义,并描述了有效的 PBL 协议的属性。这些属性包括:

(1) 对工作的客观和可衡量的描述,以取得理想的结果;
(2) 适当的合同期限、类型和融资方式;
(3) 产生预期结果的适当指标;
(4) 旨在产生预期成果和降低成本的激励措施;
(5) 政府和商业 PSI 和 PSP 之间的风险和回报分担;
(6) 同步保障协议以满足作战需求。

这是第一个解决 PBL 在计划保障系统时是否适用的官方文件,与其他声明 PBL 在所有保障情况下都是强制性的政策文件有所不同。它根据先前的美国国防部经验,在该文件中规定:"如果一个项目具有任何这些特征,则应考虑 PBL。……这些情况包括:……较差的系统可用性/性能,工作负载或零件需求已达到一定程度的可预测性,在竞争激烈的市场中有足够的保障供应商,有足够的系统运行寿命(通常为5~7年)使得保障提供商收回投资,各军种或美国国防部中的零件/组件为供应商提供了规模经济的杠杆,并提供了政府谈判的杠杆,或者保障成本超过了全寿命成本估算,并且在合理范围内存在降低成本的机会。"

《PBL综合指南》(2013年)通过提供一些可能不适合使用产品保障协议的情况,进一步阐明了PBL对系统保障的适用性。例如,新近部署的系统,尤其是那些对系统或其组件的可靠性了解很少或根本不知道的系统,可能会带来较大的风险,这样就难以确定产品保障供应商。PBL可能不适合的另一种情况是,如果武器系统是在非预期的环境或方式下使用的,这将降低系统可靠性或可保障性的可预测性,并且产品保障供应商可能无法满足系统可用性或可靠性要求。《PBL综合指南》(2013年)对PBL的实施模型分析结果如图3-6所示。

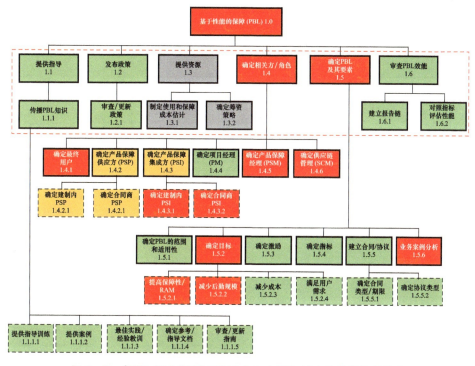

图3-6 《PBL综合指南》(2013年)对PBL的实施模型分析结果

《PBL综合指南》(2013年)提供了大量的信息,有助于实施PBL。但是,该文件缺少以下顶层要素:

(1) 1.4 确定利益相关者;
(2) 1.5 定义PBL及其要素。

对于利益相关者的确定,《PBL综合指南》(2013年)没有提及产品保障经理;同时,该文件没有将(BCA)视为帮助确定产品保障协议类型和价值的重要工具。

3.3 《PBL 指南》的实施分析

相比"政策"的更倾向于宏观指导,"指南"提供了如何实施 PBL 的较低级别的详细信息,以及其他后勤保障方面的信息。PBL 实施模型中与指定的指南关联的区域如图 3-7 所示。

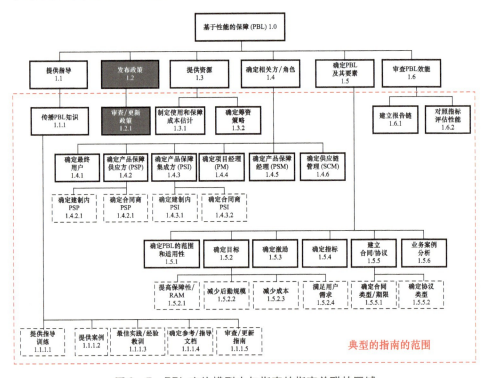

图 3-7　PBL 实施模型中与指定的指南关联的区域

实际上,政策和指南文件之间不可避免地会存在一些重叠。例如,《PBL 综合指南》就将政策指导和类似于参考的指导信息混合在一起。接下来将以《产品保障经理指南》和《PBL 指南》为例,论述这两份实施 PBL 最重要的指南对 PBL 实施模型的分析结果。在接下来的分析中,各要素颜色标记的含义与前一节中对各指定政策差距分析的含义相同。

3.3.1 《产品保障经理指南》

2011 年 5 月发布的《产品保障经理指南》(以下简称《PSM 指南》)是一份指导文件,旨在帮助 PSM 和 PM 制定计划和执行产品保障策略。它提供了一种彻底的产品保障计划方法,而 PBL 只是几种潜在结果之一。《PSM 指南》(2011

年)侧重于产品保障协议,可以采取 PBL、维持保障、承包商后勤保障(Contractor Logistics Support,CLS)、全寿命产品保障或武器系统产品保障。这与 DoDD 5000.01、DoDI 5000.02(2015 年)和《更好的购买力 3.0》(2015 年)中的政策形成鲜明对比。所有这些都要求有效使用 PBL。

《PSM 指南》(2011 年)中引入了一些概念,可帮助 PM 和 PSM 制定和执行产品保障策略。本文件建立了用于产品保障计划的 12 个步骤产品保障策略过程模型,该模型随后在《PBL 指南》(2014 年)(ASD(L&MR)2014)中用作 PBL 计划的模板。产品保障计划的 12 个步骤如图 3-8 所示。

图 3-8 产品保障计划的 12 个步骤

《PSM 指南》还介绍了重要的产品保障计划活动,通常需要在每个主要全寿命阶段完成。最后,本文件引入了 SML 的概念,该概念被描述为确定应执行的活动的最佳实践,以确保项目正在制定产品保障策略以在需要时提供所需的保障能力。此 SML 概念类似于技术准备评估过程,该过程使用技术准备水平(Technology Readiness Level,TRL),评估与计划中关键技术相关的成熟度和风险。

尽管《PSM 指南》描述了宏观的产品保障计划和策略,并不一定在整个文件中都侧重于 PBL,许多指南仍可应用于 PBL。该文件包含确定产品保障计划的资源需求指南,包括成本估算信息和各种融资策略。它还详细描述了产品保障计划过程中主要参与者的角色和职责,以及 IPS 要素、协议类型、产品保障目标、PSP 的激励措施以及实现期望的保障结果的适用指标等。根据 PBL 实施模型对《PSM 指南》的分析结果如图 3-9 所示。

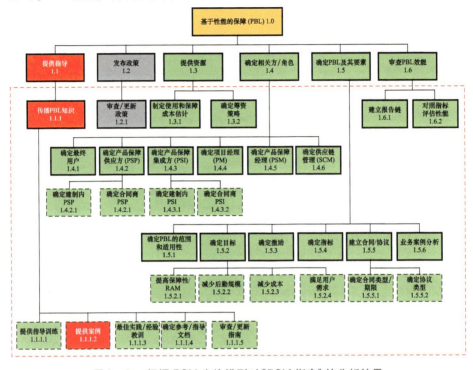

图 3-9　根据 PSM 实施模型对《PSM 指南》的分析结果

总体而言,《PSM 指南》是可用于实施 PBL 的产品保障信息的良好参考。但是,它确实没有特别为 PSM 提供有关如何实施 PBL 的指导。在本文件中,产品保障是从广义上讲的,PSM 除了作为潜在产品保障策略的 PBL 之外还有其他选择,这在一定程度上确实掩盖了 PBL。如前所述,这与其他要求 PBL 作为唯一产品保障方法使用的政策文件相抵触。《PSM 指南》指出,产品保障的选择范围从简单的 PBL 或基于交易的保障,扩展到以满足作战准备需求为主要目的的其他保障方法或策略。在图 3-9 中,根据 PBL 实施模型分析的《PSM 指南》主要的缺陷在于该文件没有提供任何名义上或者实际的项目案例,以帮助解释如何采用各种保障策略。具体而言,该指南没有提供有效使用 PBL 协议的任何示例。提供示例可以为产品保障计划人员提供宝贵的意见,以帮助他们学习如何根据项目的特定需求定制专门的产品保障协议。

3.3.2　《PBL 指南》

《PBL 指南》已于 2014 年 5 月 27 日发布,代表了 ASD(L&MR)、各军种和国防采办大学之间的合作,旨在为负责实施 PBL 的项目经理、产品保障经理和后勤人员提供更好的指导。本文件旨在为《BBP 2.0》(2012 年)和《PBL 综合指南》(2013 年)提供更全面的支撑。

《PBL 指南》(2014 年)是迄今为止发布的关于指导和实施 PBL 的最全面、最详尽的指南。《PBL 指南》(2014 年)覆盖了 PBL 实施模型中的所有要素,如图 3-10 所示。

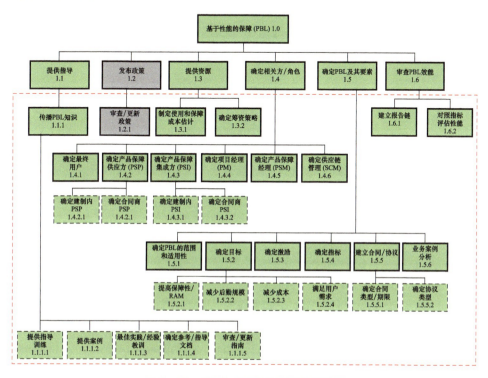

图 3-10 《PBL 指南》的模型分析结果

《PBL 指南》包含了大量信息,这些信息对项目经理、产品保障经理和参与实施 PBL 的任何项目级人员都是有益的。该指南确定了 PBL 的最佳实践和经验教训,以及针对 PBL 众多主题的详尽问答部分,还包含有关 PBL 和一般产品保障的有用参考列表。该文件介绍了可行性分析,该分析表明针对给定程序的 PBL 协议是否可行。相比于国防部所有其他指南或政策文件,《PBL 指南》的一项重要突出功能是包含了相关示例。该文件包含一份合同示例草案,以说明如何建立 PBL 合同。它提供了以硬件为中心的 PBL 协议示例,也可以用作重大自动化信息系统的指南,后者通常是软件密集型程序。此外,它还提供了"概念通用子系统"的案例,该案例还与《PSM 指南》中介绍的产品保障策略流程的 12 个步骤相互关联,以显示该流程如何用于 PBL 保障计划。

从图 3-10 可以看出,所有要素都得到了令人满意的解决。那么,这是否意味着该指南的用户可以针对任何产品保障要求成功实施 PBL？不幸的是，实际上，解决方案并不是那么简单。该模型显示，《PBL 指南》提供了有关实施 PBL 的最全面、最相关的信息。但是，每个项目的保障需求都是独特的。国防采办大学指出："对于 PBL，没有一种万能的方法。同样，也没有关于 PBL 策略中保障来源的模板。几乎所有的国防部系统保障都包括公共（建制内）和私人（商业）保障资源的组合"（DAU，2005 年）。如前所述，《PBL 指南》甚至引入了可行性分析，以测试 PBL 协议是否适用于武器系统的保障需求。此外，国防采办大学声明还引入了另一个有关公共（建制内）保障来源的问题。建制内的保障组织不会像商业承包商那样以营利为动机实施运作。因此，除了下发最后的"通牒"之外，如何合法地向建制内的保障供应方提供哪些激励措施，使其达到产品保障协议中的性能目标或者在未达到性能目标时将工作量转移并外包，是一个持续研究的问题。

3.4　冲突的政策和指南

虽然国防部将 PBL 作为首选的产品保障策略，但是关于 PBL 是否需要强制执行，这些政策和指南的表述并不一致。其中，DoDD 5000.01、DoDI 5000.02 和《更好的购买力 3.0》这几个政策文件中都规定 PBL"应开发并实施""将使用""确保有效使用"等词语来陈述，而《PBL 综合指南》中指出了一些不适合使用 PBL 的情况，这实际上是与前 3 个政策文件中要求实施 PBL 的表述是冲突的。

《PBL 指南》中还指出，PBL 并不是唯一可用于项目经理和产品保障经理的产品保障策略，换句话说，PBL 只是可用的几种产品保障策略之一。《PBL 指南》中对 PBL 的可行性进行了分析，从而确定了 PBL 是否满足特定项目的保障需求，这实际上隐含的是还有其他的产品保障策略，例如，基于经典的交易型的保障或者合同商后勤保障等。从这些政策和指南的发布单位来看，没有表明 PBL 是唯一的产品保障解决方案的政策文件是由 ASD(L&MR)发布的。相反，要求实施 PBL 的 3 个政策文件均是由 USD(AT&L)发布的。

从上述 PBL 有关文件可以看出，政策和指南在 PBL 适用于所有产品保障需求以及可行性方面存在分歧。政策和指南需要在两个组织之间协调一致，并就 PBL 实施提出一致而清晰的信息。ASD(L&MR)在 PBL 策略可能不合理的情况下，为其他产品保障策略敞开大门，并提供了令人信服的论点。因此，需要修改当前针对所有产品保障情况强制实施 PBL 的政策，以允许在 PBL 不可行或不理想的情况下采用其他产品保障策略。同时对于 PBL 能够产生预期结果的情况下，仍旧考虑将 PBL 视为最佳选择。

第 4 章　PBL 指标的确定

"联合能力集成与开发系统"负责分析和确定作战人员的需求。保障作为采办的重要组成,保障需求同样是作战需求的反映。作战无论是作战需求还是保障需求,都需要特定的人员和机构,经过一定的流程和活动,在正式的文件中以具体指标的形式明确。实施 PBL 的关键环节是确定保障指标,这些指标一方面需要追溯到作战需求上,另一方面,也会因为 PBL 实施的层级(例如是在系统、子系统还是组件上)而有所不同。PBL 指标不是越多越好,而是众多保障要素综合权衡的结果。本章首先论述从作战需求到保障指标的确定过程,其次论述指标体系及其计算方法,最后结合具体案例分析 PBL 指标的确定情况。

4.1　从作战需求到保障指标

保障策略是在确定作战人员需求的基础上进行考虑的。美军作战人员需求的确定过程,是由专门的机构和人员,按照一定的流程和程序,逐步完成的。美军作战人员需求的确定主要是由参谋长联席会议和国防部各部局负责,由"联合能力集成与开发系统(Joint Capability Integration and Development System,JCIDS)"完成。JCIDS 是美军根据联合作战的需求,在美国国防部顶层战略和各项联合作战概念的指导下,以发展面向一体化联合作战的军事能力为核心,形成的一整套成体系的军事能力需求生成方法和流程。

4.1.1　作战需求和需求文件

作战需求的确定需要经过需求分析、需求审查和需求确认等步骤。需求主办部门根据联合作战概念、联合能力概念和一体化体系结构等国防部顶层文件的规定,结合实际作战需要,并且根据遇到的各种采办实际情况(技术、经费、作战任务等变化因素)反复、多次进行功能领域分析、功能需求分析和功能方案分析,以此在不同的采办阶段形成三份需求文件——《初始能力文件》(ICD)、《能力开发文件》(CDD)和《能力生产文件》(CPD)。换句话说,需求是在装备的全寿命阶段持续进行调整、细化的。采办寿命周期的不同阶段的需求文件演变过程如图 4-1 所示。

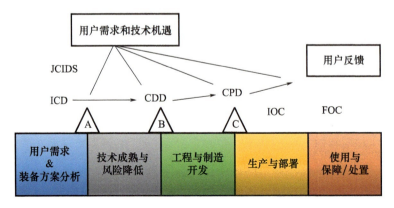

图 4-1 采办寿命周期中的需求文件演变过程

KKP、KSA 和 APA 都是项目采办所需的技术性能参数,这些参数包含在 3 个能力文件中,并随着采办阶段的推进不断细化,从而为相关的里程碑决策当局对项目审查和批准进入下一阶段提供决策依据。

(1) 关键性能参数(KPP)是指对有效军事能力开发具有关键作用或至关重要的系统性能属性。如果系统未能满足验证的关键性能参数阈值,会触发验证机构对系统的审核,而且如果无法满足关键性能参数阈值的话,需要对相关系统的作战风险或军事公用设施进行审核,可能会导致对更新的关键性能参数阈值进行验证,对生产增量进行修改或者建议取消项目。

(2) 关键系统属性(KSA)是指对实现系统的平衡解决方案或方法具有重要的系统性能属性,但是其关键作用程度尚不足以分配一个 KKP。

(3) 其他性能属性(Attached Performance Attributes,APA)的重要性尚不足以被认为是 KKP 或 KSA 的系统性能属性,但是这些系统性能属性仍旧包含在 CDD 或 CPD 中。

KPP、KSA 和 APA 使用阈值或者目标值的方式进行表述。阈值是对作战有效性和适用性的度量;目标值是性能实现的期望值,确定期望值需要同时权衡成本、技术等方面的风险。阈值和目标值可能会随着技术的进步或者联合概念的变化而进行更改。系统性能参数的这种表示形式如图 4-2 所示。

需求主办部门根据系统性质及其预定能力将适当的属性指定为 KPP、KSA 和 APA。JCB 或者 JROC 可以将其他属性指定为 KPP、KSA 或者 APA,或者根据功能能力委员会的建议对阈值或者目标值进行修订。

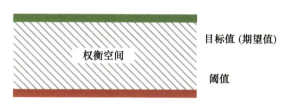

图4-2 系统性能参数的表示形式①

4.1.2 制定KPP、KSA和APA要考虑的因素

在选择某个性能属性作为KPP、KSA或APA之前,需要思考并回答以下问题和要素:

(1)性能属性能否追溯到一个或多个作战属性,或者需求文件中记录的系统强制性KPP?

(2)性能属性的阈值是否有助于提高作战能力、作战效能或作战适用性?

(3)KPP、KSA或APA的必要组合及其阈值和目标值的确认方式是否对作战环境下实现任务成功的能力进行评估?

(4)KPP、KSA或APA的组合是否与作战概念或作战模式文件相一致?

(5)KPP、KSA或APA的推荐阈值和目标值是否能够反映出合理的作战风险、使用的技术成熟度、要求的能力时间表和分析支持?

(6)考虑预期全寿命周期费用以及服务和国防部预算总支付授权对未来几年国防计划和30年计划的限制,KPP、KSA和APA的阈值是否是可实现并且在经济上是可以承受的?

以上这些问题可以看作是KPP等性能参数制定时考虑的基本问题。此外,主办部门还必须以可以测量和测试的方式创建KPP、KSA和APA,而且其定义方法应该支持有效和高效的试验鉴定。

4.1.3 制定KPP、KSA和APA的步骤

下面是制定KPP、KSA或APA的典型步骤。

第一步:根据CDD或CPD的描述,列出每一项任务或者每个功能的能力需求。

第二步:对与每个联合功能相关的性能属性列表进行审核,以确定其潜在适用性。

第三步:对每个关键任务或者功能,以上一步所述的清单作为起始点,至少创建一个可测量的性能属性,但是不要将其指定为KPP、KSA或APA。

---

① 需要注意的是,并非所有性能参数都有一个与阈值不同的目标值。

第四步：确定对系统最具有关键性或重要性的性能属性，将其指定为 KPP；其他重要的性能属性可以指定为 KSA 或者 APA。

第五步：为了确保 KPP、KSA 或 APA 在支持任务成果和相关期望效果方面的一致性，需要以文件的形式记录 KPP、KSA 或 APA 如何追溯到 ICD 和其他文件中确定的能力需求、作战属性和相关数值。

第六步：为 KPP、KSA 或 APA 设定阈值和目标值。阈值应该以实现作战效果要求所需要的最低性能为基础，尽量可以通过系统可承受的全寿命周期费用并使用当前的技术水平来实现。技术可实现性是以性能交付后的技术已经达到了里程碑 B 阶段的成熟度为基础的，或者正在使用的系统或子系统性能在里程碑 B 阶段之前已经达到了 6 级技术成熟度或更高。如果增加的性能水平导致作战效能明显增加或降低，则应该界定目标值。需要注意的是，KPP、KSA 或 APA 的阈值和目标值可能会在 CDD、CPD 之间发生变化。

4.1.4 PBL 的关键性能属性

在指挥与控制、战场感知、火力、运动和机动、防护以及保障性等方面的内容都存在各自的 KPP、KSA 或 APA。其中，保障性反映了对后勤和人员服务的需求，主要内容如表 4-1 所列。

表 4-1　与保障相关的系统属性

内容	描述
后勤规模	有效保持战场系统所要求的装备、机动性和空间。持久作战，在没有后勤补给或支持的情况下，在给定时间框架内的作战环境下使用系统的能力
时间	系统为作战后勤考虑因素提供支持的能力，例如，限制性作战和大规模作战的后勤关闭率
维修性	将系统恢复到正常功能或使用状况的能力。一般表示为平均不可用时间、平均维修时间等
保障性	在给定的准确度百分数下，系统在特定的子系统等级下对故障进行识别或预测的能力。潜在的属性包括健康管理、预测和诊断能力、支持性设备和部件通用性等
成本	作为使用和保障成本的关键系统属性的一部分，一般表示为总使用和保障成本
运输和部署	在部门运输基础设施内对系统进行移动或部署的能力

PBL 应用的第一步是确定作战人员保障需求，产品保障应始于确定作战人员的需求。制定产品保障策略的第一步是针对所保障的系统确定使用需求，这一步对于制定 PBL 协议也至关重要。了解作战人员在系统性能方面的需求是确保 PMO、PSI 和 PSP 目标一致的关键。在大部分情况下，作战人员的需求都

会表现为项目分配给系统、子系统或组件层级的可用性和可靠性等指标。

第Ⅰ类和第Ⅱ类采办项目都应使用保障 KPP,它包含装备可用性和使用可用性两个主要参数;同时,还规定了两个保障 KSA,即可靠性以及使用与保障成本。保障 KPP 与 KSA 如表4-2所示。

表4-2 联合能力集成与研发系统持续保障要求

	保障关键性能参数
装备可用性	装备可用性指的是根据装备状况,可在作战方面实施指定任务的系统总库存百分比。装备可用性可表示为作战可用装备数量÷总装备数量。该指标不适用于非装备解决方案
使用可用性	使用可用性指的是某个单位内的一个系统或一组系统具有执行某个指定任务的作战能力的次数百分比。该可用性可表示为正常运行时间÷(正常运行时间+故障停机时间)
	保障关键系统属性
可靠性	装备可靠性指的是系统在特定的条件和特定的时间间隔内无故障运行的可能性。根据具体情况,某个系统需要具体说明的可靠性指标可能不止一个
使用与保障成本	与实现装备可用性相关的总使用与保障成本

作战需求由各作战司令部或军种需求办公室通过(JCIDS)制定,并通过 JCIDS 文件正式化。各项需求与相关的指标应在装备方案分析阶段做出明确规定,并最终记录在 CDD 中。项目经理可以根据系统设计和保障策略的不断成熟,对需求进行修改完善。

4.2 指标体系及其传递关系

识别作战人员需求是制定 PBL 协议的第一步。很多 PBL 协议都在子系统或组件级别执行,所以系统级的保障需求应该分解为更低等级的指标,且这些指标与系统级的需求相关联。确定作战人员保障需求的工作总结起来就是:明确作战人员需求,将需求转换为保障 KPP 和 KSA,并将系统级的保障需求分解为更低等级的指标。

4.2.1 指标的体系层次

指标体系与预期的成果、应用层级(系统级、子系统级或组件级)和武器系统的保障要素等有关。需要注意的是,在选择一组指标时应小心谨慎,以确保不出现指标过剩或指标相互冲突的情况。很多 PBL 工作都会犯的错误就是使用过多的指标,同时关注多个指标很可能会削弱预期的保障效果,因此需要选取有限数量的关键性能指标,来确保武器系统保障合同商集中精力完成重要且可实现的工作。

美军在构建武器系统的性能保障指标体系时,通常由项目经理与用户、作战人员、提供武器系统保障的部门共同合作,在遵循指标体系建立原则的基础上,提出科学合理的保障指标体系,并将上述指标纳入 PBL 中。按照所保障武器系统的层级,可以将 PBL 指标体系划分为如下两级指标体系。

1. PBL 顶层指标(1 级指标)

1 级指标反映了首要的最高等级的性能目标,主要反映武器系统 PBL 的主要特性。2004 年 8 月 16 日,美国国防部负责采办、技术与后勤的副部长[①]在 PBL 备忘录中定义了 5 个关键的顶层(1 级指标)指标,各指标的名称和定义如表 4-3 所列。

表 4-3 PBL 的顶层指标

序号	名称	缩写	定义
1	使用可用性	A	某个系统或某个部件的一组系统能够执行指定任务的时间百分比
2	使用可靠性	R	系统在规定的间隔时间和规定的条件下无故障运行的可能性
3	单位使用成本	C	总使用成本÷适合于规定系统的计量单位。根据系统的不同,计量单位可以是飞行小时数、工作时间、发射数、行驶的英里数,或其他服务和系统的专门指标
4	后勤规模	L_S	政府/合同商规模或部署、维持和运转某个系统所需的已部署后勤保障的"存在区域"
5	后勤响应时间	L_T	从客户提出申请之日到客户收到订购的物资之日所经过的时间(以平均日计算)

通常在 PBL 合同签订过程中,上述 5 类顶层指标是最常使用的。

2. PBL 下级指标(2 级指标)

2 级指标体系构建通常是在第 1 级指标体系框架内,挑选或建立支持第 1 级指标体系的分项指标。要尽量覆盖合同签订过程中可能涉及的 PBL 指标,便于下一步根据基于性能的保障合同涉及的武器装备类型,有重点地选取几个关键性能指标。每个顶级指标下都有关联和为该顶级指标提供支撑的 2 级指标,这些指标如表 4-4 所列。

---

① 2017 年 8 月 1 日,美国国防部向国会提交了《重组国防部采办、技术与后勤及首席管理官的组织机构》报告,指出国防部将拆分负责采办、技术与后勤的国防部副部长,分设负责研究与工程的副部长和负责采办与保障的副部长。新体制已于 2018 年 2 月 1 日正式运行。

表4-4 为PBL顶级指标提供支撑的2级指标

顶级指标	可选的2级指标
使用可用性	可达可用性,能执行任务率,出动架次率,任务完成率,装备可用性,不能执行任务率,等待供应不能执行任务,等待维修不能执行任务,供应物资可用性,存储可用性
使用可靠性	平均拆卸间隔时间,平均故障间隔时间,严重故障的平均维修间隔时间,平均作战任务故障间隔时间,平均基本功能故障间隔时间,平均非预定维修间隔时间,平均维修间隔时间,平均部件拆卸/更换间隔时间,飞行时间,预期使用寿命,平均维修间隔时间,平均故障停机时间,平均维护时间,平均修理时间,修理周转时间,修理周期
单位使用成本	每飞行小时成本,单位距离成本,基地能力利用,建制保障百分比年度固定价格费用,总拥有成本
后勤规模	后勤覆盖区域,每年交付的训练小时数,小型企业合同商数量,订单满足率,订单完全执行率,供应计划准确性,库存准确性,执行任务受损的等待部件,延期交货率,延期交货持续时间
后勤响应时间	供应响应时间,回撤周期,周转时间,后勤延误时间,实际周期与预测周期的比值,装备申请周期,申请响应时间,产品交付周期,采购交付周期,管理延误时间

所有 PBL 协议都包含数个 1 级指标,这些指标可用于定量评估各军种购买的、保障供应商正在交付的与作战相关成果的质量。这些指标都设有特定的目标,根据目标的达成情况,保障供应商将受到奖励或惩罚。这些 1 级别指标称为关键性能指标,除了关键性能指标,还应该关注一些 2 级指标,但是这些指标不提供与目标相关的奖惩措施。

4.2.2 指标的传递关系

可以在系统、子系统和组件级别实施 PBL,不同级别的指标应该是一致的,不能出现相互矛盾的情况。对于系统级协议,产品保障经理可将带有相应的装备可用性、使用可用性和装备可靠性指标的产品保障的所有工作委托给产品保障集成商完成。同样地,产品保障经理还可将与系统的一个或多个(但非全部)集成产品保障工作委托给产品保障集成商,或直接委托给产品保障供应商。在不同级别上实施 PBL 各指标的传递关系如图 4-3 所示。

合适的指标可根据 PSI 或 PSP 控制的具体 IPS 要素,对性能进行评估。例如,如果 PSP 负责开展某个飞机系统的训练,那么对合格飞行员或每月认证的维护人员数量的评估就是合适的指标。如果产品保障经理决定在子系统或组件级别委托责任,则让 PSI 或 PSP 负责整个系统的装备可用性或使用可用性就不合适,供应商不能对超出其控制范围的性能工作负责。无论保障责任如何委托,项目经理/产品保障经理都应始终承担与整个产品保障策略性能相关的最终责任。

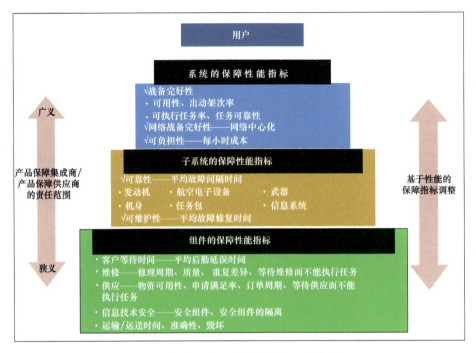

图4-3 不同级别性能指标的传导关系

选择指标时最重要的考虑因素之一是要了解其关联性以及对最高级性能指标的贡献。因此,除了了解指标与 PSI/PSP 控制范围的关系之外,对指标进行分解也有助于了解其相互巩固和补充的方式。如将装备可用性确定为第1级指标(关键性能指标),次一级指标为第2级指标,可以是装备可靠性和平均停机时间,而平均停机时间之下又可以设置第3级指标,包括后勤响应时间、平均故障修复时间等。各级指标根据 PBL 协议的重点而变化,也可以根据需要继续设置下一级的指标。

IPS 要素会对所选定的指标造成影响。表4-5 给出了与每个级别和 IPS 要素相对应的指标。

表4-5 根据级别与集成产品保障要素选择指标

级别/集成产品保障要素	供应保障	维护、规划与管理	持续保障工程
系统	等待供应而不能执行任务(NMCS)	等待维修而不能执行任务(NMCM)	可靠性(R)
子系统	供应物资可用性(SMA)	平均维护时间(MMT)	平均故障间隔时间(MTBF)
组件	订单完全执行率、按时交付(OTD)率、延期交货率	修理周转时间(RTAT)	工程响应时间

PBL 指标等级分解如下所示：

（1）第 1 级指标为性能目标，或者是基于性能的保障协议的特性。例如，第 1 级指标可以是系统级别的作战可用性和装备可用性，或者是子系统或组件级别的供应链交付可靠性。第 1 级指标会根据基于性能的保障协议重点的变化而变化。

（2）第 2 级指标可为第 1 级指标提供保障。两者的关系有助于识别第 1 级指标出现性能缺口的根本原因。

（3）第 3 级指标为第 2 级指标提供保障。对于第 2 级指标而言，维护需求时间、后勤响应时间（LRT）和平均故障修复时间（MTTR）等都属于第 3 级指标。

根据上面描述的系统级协议，基于性能的保障指标等级分解如图 4-4 所示。

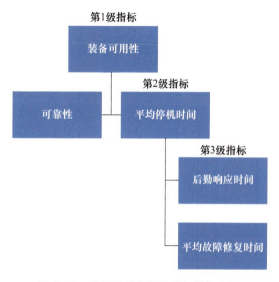

图 4-4　基于性能的保障指标等级分解

对于子系统 PBL 来说，合理的第 1 级指标或属性可以是供应链交付可靠性，第 2 级指标可以是订单完全执行率，而第 3 级指标则可使用无错误订单百分比和客户申请日预定的订单百分比。在这种情况下，合适的第 4 级指标就可选择已收到的无损订单百分比和货运单据正确的订单百分比。该基于性能的保障指标等级与供应链使用参考（supply chain operations reference，SCOR）模型中的指标等级类似，该模型适用于 PBA 应解决的 IPS 要素问题。设定上述等级和对其进行分解的主要目的是验证指标"混合"为一体的方式，以及其对整体作战人员战备完好性和效能的贡献。

项目经理和产品保障经理在指标的确定和选取上要坚持用系统工程的观点考虑问题，并且要在技术性能（如可靠性、维修性和可用性等指标）、全寿命周期费用、进度及效率之间寻求平衡。经济可承受的系统使用可用性的概念非常重要,在这个概念中,不仅要重点关注系统执行任务的能力或者可靠性、维修性,还包括供应链的成本效益。图 4-5 所示为项目经理使用的装备可靠性、装备可用性等指标与其他产品要素的关系。

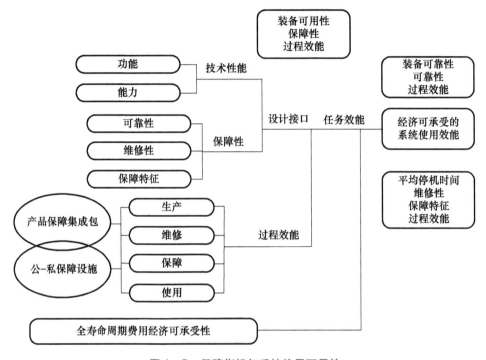

图 4-5 保障指标与系统使用可用性

图 4-5 反映了保障指标,包括装备可用性、装备可靠性、平均停机时间、经济可承受的系统使用效能与其他指标和要素之间的关系,这些指标是相互关联的,并且与作战概念和全寿命周期费用相关。

4.2.3 指标选取原则

保障指标应该在 LCSP 的策略制定阶段尽早确定,并在项目进入 PBL 协议实施阶段后予以完善。一旦项目经理或产品保障经理确定合适的保障等级(系统、子系统或组件),再结合 IPS 要素,就可以开始指标的选择。

1. 指标选择的基本原则

为确保所选定的指标能够全面、合理、科学地反映所保障武器系统的性能,PBL 指标体系构建应满足以下 5 个原则。

(1)具体性。要求所选指标体系要明确且重点突出,以避免产生误解,并具体说明允许的范围或阈值。

(2)可测量。要求所选指标体系应规定测量单位,并将其与潜在数据相关联,以确保完成有意义的统计分析。

(3) 可实现。要求所选指标体系在预期的使用方案下可实现、合理,具有成本效益且可靠。

(4) 相关性。要求所选指标体系与作战需求相关,适用于武器系统保障合同商的具体范围和责任水平。

(5) 及时性。要求所选武器系统性能保障指标体系在规定的时间内可行。

在制定相关的性能指标时,需要避免一些一般不可能达到的值,例如,0%或者100%、"所有""全时""全天候""各种情况"等。此外,应根据具体项目确定指标数量,但是指标选择不是越多越好,更不能引入相互矛盾的指标,过多的指标使得供应商将精力集中在了"活动"而不是"结果"上,相互矛盾的指标更会引起供应商的困惑。

2. 关键性能指标的选择原则

关键性能指标一般与 PBL 合同的激励措施(奖惩措施)相关,所以在选择关键性能指标时,应遵循"完成评估和奖励的部分"以及"少即是多"的原则。有效的基于性能的保障协议包含多个易控制的——(最多)2~5个——且可反映预期作战人员效能和成本降低目标的关键性能指标。上述最高级的关键性能指标均已设定具体的目标。根据目标的满足情况,持续保障供应商可获得奖励或受到惩罚。限制关键性能指标的基本原理是:关键性能指标数量越多,与每个指标相关的奖励措施或惩罚措施就越少。这也会削弱上述指标单独和整体影响持续保障供应商行为的效力。此外,还必须收集除关键性能指标之外的其他指标,并将其用于原因分析的管理活动。但是,这些更低级别的指标未提供目标和与其相关的奖励或惩罚措施。

关键性能指标的选择可能是一个迭代过程,在该过程中,指标会根据合同商能力接受重新评估。除了所选择的用于评估和奖励 PSI 或 PSP 能力的关键性能指标之外,产品保障经理还必须建立管理框架。在该框架中,关键性能指标和更低等级的指标可保持一致性,并按照从项目到 PSI,再到 PSP 的层级进行沟通。协议的执行最终取决于与性能和指标相关的持续沟通和管理。

4.2.4 典型指标的计算方法

各个指标之间的相互关系除了体现在不同的应用层级(如系统、子系统还是组件级别),还体现在不同指标之间的数值关系。明确指标的计算方法也是确定关键指标、避免指标之间重复和相互矛盾的主要途径。

1. 使用可用性指标

一般地,武器装备的总体使用可用性是用于确保装备能够满足作战使用要求的标准,是 PBL 合同最常见的一项性能指标。以飞机为例,使用可用性指标是基于可以执行任务的飞机(规定任务)和可以使用的飞机(即处于拥有状态),来评价飞机的任务使用性能。

总体作战可用度的计算方法为

$$A_o = \frac{T_o}{T_o + T_{NO}}$$

式中:T_o 为飞机可执行任务总时间;T_{NO} 为飞机停飞总时间。

上述计算公式是飞机的使用可用性计算公式,考虑到飞机装备的特殊性,将其可用性计算的输入数据定义为:一是飞机在指定的作战任务过程中,可执行任务的时间(单位为小时);二是飞机的总时间,包括可执行任务时间和飞机由于各种故障而无法执行任务的时间。

其他可用性指标下的 2 级指标的计算过程与此类似,基本都采用"能"占"总"的比例(以时间和数量来计算)来计算。例如,"能执行任务率"就是飞机可以执行所有任务的时间的总和,占据飞机在位总时间的百分比。

2. 作战可靠性指标

武器系统可靠性是基于性能的保障合同中涉及武器系统可靠性中最常见的顶层性能指标,通常是指武器系统在特定的作战条件下,可用于衡量武器系统在给定任务时间内成功运行的概率。通过将成功完成的任务数量除以尝试的任务数量的方式,计算得出武器系统可靠性:

$$武器系统可靠性 = \frac{成功完成的任务数量}{任务总数}$$

式中:成功完成的任务数量指武器装备在规定条件下完成规定任务的数量;任务总数指武器装备所担负的任务总数量。

武器系统可靠性需要基于任务剖面,将武器系统可靠性转换为合同要求。需要确定以下功能剖面文件,包括存储、建造、飞行前准备、起飞、飞入目标区、飞越目标、武器投送、飞出目标区、着陆和关机。需要确定环境剖面,例如温度、空气密度、湿度、振动、冲击和腐蚀剂。需要确定与上述剖面有关的关键任务系统,并为每个特定任务建立一个平时和战时武器系统可靠性数值。

可靠性指标一般是以次数和时间作为计算输入,例如,"平均停机时间"就是不能执行任务的时间除以停机事件总数来表示和计算的。

3. 单位使用成本类指标

下面以"每飞行小时成本"为例,论述单位使用成本类指标的计算过程。将每飞行小时成本(Cost per Flying Hour,CPFH)作为飞行时间变化成本的性能指标,是将一个飞机编队的总保障费用除以总的飞行小时数而得来的:

$$CPFH = \frac{全部保障费用}{总的飞行小时数}$$

式中:全部保障费用指飞机完成规定任务所使用的全部保障费用;总的飞行小

时数指飞机完成规定任务所使用的总时间(h)。

该计算公式主要用来计算两项任务,一是评估飞行小时计划预算,二是计算基于成本补偿合同的飞机飞行小时数。同时,用户在决定购买新飞机与保留或退役飞机时,更加关注的是一个更全面的且与飞行小时数有关的使用与保障费用计算方法。因此用户在做决定之前,将会更偏好使用 CPFH 作为分析标准。需要注意的是,只有当使用与保障费用的大部分要素为可变成本(随飞行小时数而变化),即随飞行保障费用的大部分要素为可变成本,它才适用于 CPFH 的评估。因为如果分子中大部要素为固定成本,当飞行小时数减少时,CPFH 值反而会增加,这一现象是有违直觉的。

单位使用成本类指标加入了成本因素,以时间或次数、数量等对成本的平均来计算该类指标。

4. 后勤类指标

以订单满足率(FR)来论述后勤类指标的计算方法。订单满足率是指合同商在接到订单后的 1 个工作日内库存发货的订单百分比。在服务方面,该指标指的是合同商在 1 个工作日内完成服务的比例。后勤类指标主要用来衡量缺货程度及其影响,用 1 个工作日内实际发货数量与订单需求数量的比率表示,即

$$FR = \frac{1 \text{个工作日已完成订单数量}}{1 \text{个工作日内已接收的总订单数}}$$

式中:1 个工作日已完成订单数量指合同服务商在接到订单后的 24h 内库存发货的订单数量;1 个工作日内已接收的总订单数指合同服务商在接到订单后的 24h 内库存订单的总数量。

后勤类指标主要对订单数量进行度量,有的后勤类指标,如平均保障延误时间,是对保障资源延误时间的衡量。

5. 后勤响应时间

后勤响应时间,也称为供应响应时间(LRT/SRT),是指从客户提出申请之日到客户收到订购的物资之日所经过的时间(以平均日计算),计算公式如下:

$$LRT = D_R - D_P$$

式中:D_P 为客户根据签订的合同向合同商提出规定的武器装备或装备性能保障服务申请的日期,通常以该年的 1 月 1 日为基础,换算为相对天数的差值;D_R 为客户收到合同规定的武器装备或装备性能保障服务的日期,通常以客户提出申请年的 1 月 1 日为基础,换算为相对天数的差值。

从后勤响应时间的定义可以看出,假设 D_P 的申请日期为 2017 年 1 月 30 日,根据 D_P 的定义,其计算值应为 30 天;同理,假设 D_R 的收付日期为 2018 年 12 月 31 日,根据 D_R 的定义,其计算值应为 365 × 2 = 730 天,则 LRT = 730 - 30 = 700 天,也就是后勤响应时间等于 700 天。

4.3 指标值确定案例

本节以几个典型案例中的主要指标的选取为例,说明实际中如何结合型号需要选取合适的指标要求。

4.3.1 F-35联合攻击战斗机保障指标

美国国防部已经将美国空军F-35联合攻击战斗机项目确定为PBL项目。PBA旨在确立和记录保障关系与标准,以反映在初始小速率生产阶段(第1阶段)作战人员对平台级(航空系统)PBL的需求,并适当地强调全速率生产阶段和生产后保障阶段。在各生产阶段,参与方和联合攻击战斗机项目办公室应根据表4-6中保障指标的阈值和目标值,来达到作战人员的性能目标。

F-35联合攻击战斗机PBL合同的保障指标主要依据国防部颁布的"PBL备忘录"中的5类顶层保障性能指标制定,包括可用性指标2项、任务有效性指标1项、单位使用成本指标2项、后勤规模指标1项、工作量指标3项,具体数值见表4-6。

表4-6 F-35联合攻击战斗机保障指标[①]

序号	类型	指标	阈值	目标值
1	可用性指标	飞机可用度/%	50	75
2		任务完成率/%	60	80
3	任务有效性指标	任务有效性/%	80	90
4	单位使用成本指标	出动架次率/%	90	100
5		飞行小时率/%	90	100
6	后勤规模指标	后勤规模变量	0	-1
7	工作量指标	每1000个飞行小时所需的同型装配件/个	10	5
8		每飞行小时所需的维修工时	12	8
9		每飞行小时所需的维修工时(单个飞机子系统)	12	8

数据来源:F-35 Lightning II Joint Strike Fighter(JSF)Program(F-35). Selected Acquisition Report(SAR). Defense Acquisition Management Information Retrieval,2016,12。

所有性能目标加在一起,可以详细地展示为作战人员提供的保障。

(1)可用性指标:用于展示飞机/系统保障任务要求的战备完好性或可用性;作战人员操作/保障规定系统的能力和及时性;迅速部署的能力。

(2)任务有效性指标:用于展示执行任务时飞机/系统的可靠性。

(3)已完成的规定出动架次和飞行时间:用于展示作战人员能够满足计划出动架次和飞行时间要求的能力。

(4)后勤规模指标:衡量后勤规模是增加还是减少的指标,不变是 0,减少是 -1。

(5)工作量指标:用于展示作战人员在克服潜在的 PBL 不足时,为了达到性能目标而增加的工作量。

F-35 联合攻击战斗机 PBL 中的军事性能目标和标准是整个 F-35 联合攻击战斗机 PBL 政策的核心,也是保障 F-35 联合攻击战斗机的所有 PBL 合同应具备的性能。性能目标一经确立,联合攻击战斗机项目执行办公室在美国空军的参与下,与产品保障集成商(PSI)和推进系统合同商(PSC)一起,将这些性能目标转化为各批量生产阶段的 PBL 合同。

4.3.2 H-60 系列直升机保障指标

海事直升机保障公司签订的 H-60 直升机 PBL 合同采用的是单一性能指标,这在 PBL 项目中并不常见。海事直升机保障公司首席执行官斯科蒂表示,该单一指标是项目成功的重要因素。

最初签订的 PBL 合同采用的性能指标是供应比率,用于测量全寿命保障按时满足申请需求的百分比。在新合同中,性能指标为供应响应时间(SRT)。供应响应时间同供应比率一样,都是衡量按时满足申请的参数。

图 4-6 概括了全寿命 PBL 保障性能。该图反映了供应比率/供应响应时

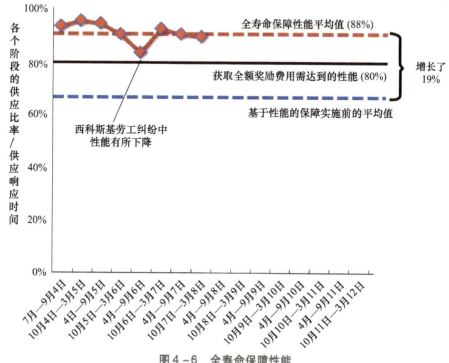

图 4-6 全寿命保障性能

间在项目寿命各个阶段连续高于80%的情况。平均值达到88%,这要比实施PBL之前69%的平均值增长了19%。该指标是PBL的关键性能指标,自实施以来,已经连续超过获得全额奖金的80%的要求。这是全寿命保障性能成功满足海军性能指标的最好证明。

4.3.3 其他飞机的保障指标

根据美国国防部发布的最新数据,本节重点选取了12型飞行器(6型有人机、6型无人机)的PBL指标数据进行分析。主要性能指标包括可用度指标、可靠性指标、MTBF指标、平均每10000h故障率(系列)指标、平均每10000h故障率(型号)指标。美国防部认为该系列指标能够基本反映这12型飞行器的性能状态。

表4-7列出了截至2001年合同商向美国国防部提供的PBL 5类性能指标实际统计值。

表4-7 美国典型有人机/无人机的基于性能的保障指标①

序号	类型	需求/实际值	可用性	可靠性	MTBF/h	平均每10000h故障率(系列)	平均每10000h故障率(型号)
1	RQ-1A/"掠食者"	需求值	—	—	—	—	32
		实际值	40%	74%	32.0	43	
2	RQ-1B/"掠食者"	需求值	80%	70%	40.0	—	
		实际值	93%	89%	55.1	31	
3	RQ-2A/"先锋"	需求值	93%	84%	25.0	—	334
		实际值	74%	80%	9.1	363	
4	RQ-2B/"先锋"	需求值	93%	84%	25.0	—	
		实际值	78%	91%	28.6	139	
5	RQ-5A/"捕食者"(1996年之前)	需求值	85%	74%	10.0	—	55
		实际值	—	—	—	255	
6	RQ-2B/"捕食者"(1996年之后)	需求值	85%	74%	10.0	—	
		实际值	98%	82%	11.3	16	
7	AV-8B	实际值	—	—	—	10.7	10.7
8	U-2	实际值	—	96.1%	105.0	6.5	6.5
9	F-16	实际值	—	96.6%	51.3	3.35	3.35

---

① 数据来源:Unmanned Aerial Vehicle Reliability Study. Office of the Secretary of Defense,2003,2。

续表

序号	类型	需求/实际值	可用性	可靠性	MTBF/h	平均每10000h故障率(系列)	平均每10000h故障率(型号)
10	F-18	实际值	—	—	—	3.2	3.2
11	波音747	实际值	98.6%	98.7%	532.3	0.013	0.013
12	波音777	实际值	99.1%	99.2%	570.2	0.013	0.013

表4-7的前6项是RQ-1、RQ-2和RQ-5系列美国空军现役无人机的PBL指标,表中实际值超过需求值的指标值用蓝色字体标示,而实际值未达到需求值的指标值用红色字体标出。从整体上看,民用飞机的可用度、可靠性、指标值都比军用飞机要高,MTBF时间要比军用飞机长,故障率较低,这主要是由于军用飞机飞行环境通常较民用飞机恶劣、飞行时间长、飞行动作复杂导致的。美国典型飞行器的常见性能指标取值对我们未来制定相似型号飞机性能指标值具有一定的参考价值和借鉴意义。

第 5 章　PBL 基准与业务案例分析

PBL 基准与业务案例分析是 PBL 的关键步骤，也是产品保障管理的重要工具，以此可确定 PBL 协议是否是购买产品保障的增值方法。建立系统基线的目的是评估现行的产品保障策略、计划和协议，以及是否对当前计划的变更进行分析。对现行状况的分析可以确定可能存在的阻碍和改进方案。确定系统基线是一种快速评估方法，有助于确定 PBL 策略对于项目是否可行。业务案例分析通过分析各保障要素、风险和敏感性来比较和确定备选方案，从而为最终的决策制定提供有用的建议。换句话说，基准线和业务案例分析是确定 PBL 是否可行、PBL 方案的合理性以及达成的最终目标的科学评估过程。本章首先对《PBL 指南》中关于基线和业务案例分析的指导步骤进行了简要介绍，然后对业务案例分析中的统计分析和仿真建模方法进行了论述，并结合实际案例，分析了业务案例分析如何为产品保障决策服务。

5.1　基准线和业务案例分析

《PBL 指南》中建立的 PBL 应用模型的第 5 步到第 7 步提供了评估保障策略和分析备选方案的方法，为项目经理、产品保障经理、军种采办执行官、里程碑决策机构和其他利益相关方确定最佳保障方案提供了重要的参考和决策依据。其中，建立基线是为了有一个比较对象或标准，这个比较对象或标准可能是当前产品保障"本来的样子"，也可能是以某种条件或状态建立的参照物。通过业务案例分析，可以评估和分析产品保障"可能/可行的样子"，比如改进某个因素或环节对整体性能的影响，可能的限制调价或风险，又或者产品保障可能达到的更好状态等。

5.1.1　系统基准线的确定

产品保障管理集成产品小组对当前产品保障策略的评估可分 3 个阶段实施：数据收集、数据分析、形成意见和建议。其中，数据收集活动包括识别规定的数据和文件、制定和执行数据收集计划、对收集的信息进行验证，以及摘录和汇总关键信息等；数据分析活动包括对收集的数据进行评估，确定是否可以通过引入 PBL 协议来降低成本或增加战备完好性,分析实施 PBL 的可行性,确定是否可以通过产品保障协议的变化来实现成本的节约以及战备完好性的改进;形成意见和建议活动主要包括审核性能需求的当前状态(如指标或保障成本等),形成产品保障评估建议,并将其提交给决策制定人员,以及从决策制定人员处获得有关产品保障替代方案制定和评估信息等。

对于新系统而言,建立初始基线需要获得工程与保障数据。初始基准应在里程碑 A 时设定,随着系统进入后期阶段,可以使用系统工程和产品保障的补充数据,其中包括:

(1)故障模式、影响与危害性分析;
(2)故障报告、分析与纠正措施系统;
(3)修理级别分析;
(4)维修任务分析;
(5)以可靠性为中心的维修分析;
(6)可靠性、可用性和维修性;
(7)全寿命周期费用分析。

对于已部署系统,此步骤从库存资产和服务清单开始,并在分析替代方案的范围内考虑。例如,产品保障管理集成产品小组应将评估限制在合适的级别(系统级、子系统级、组件级)内。

表 5-1 列举了供产品保障管理集成产品小组考虑的若干问题,这些问题提供了系统基准改进的可能的措施。

表 5-1 有关成本、战备完好性与其他因素的初始问题

	影响潜在效益的初始问题
成本	(1)系统中有多少系统、子系统或组件需要考虑(例如,每年引进的 256 台 F117 发动机)? (2)为系统提供保障的计划年度开支有多少(也就是年度预算是否能够保证替代方案分析所需的时间)? (3)潜在产品保障供应商的数量是否足以形成竞争性市场,或者是否存在可以在有限或唯一来源环境下形成内部竞争压力的杠杆? (4)部件需求和/或工时要求是否已达到可在潜在产品保障供应商市场确保定价一致性的部署后可预测水平? (5)在联合之后,各平台和/或各军种之间是否存在可以提高政府在谈判中的影响力,并为行业提供从规模经济体中获益的机遇的一般子系统或组件? (6)是否存在降低持续保障成本,从而获得规定的使用性能的机遇?
战备完好性	(1)系统可用性或子系统或组件的衍生要求,是否始终低于或者预计可能低于规定阈值? (2)目前所讨论的系统、子系统或组件是如何获得保障的?
其他因素	(1)产品剩余的使用寿命(通常为 5~10 年)是否足以保证对保障解决方案的修改,或者成为对潜在供应商具有吸引力的投资机遇? (2)是否存在计划的升级、使用寿命延长项目或大修? (3)项目管理办公室是如何组建的?在项目管理办公室内,后勤、维护、财务和合同签订职能是如何分布的?

基线的建立提供了有关项目使用与成本数据的意见。这些意见可决定是否需要对保障策略的变更进行进一步分析。如果评估的结果表明 PBL 协议的替代策略能维持或改进性能,或者降低项目成本,那么项目经理应继续开展业务案例分析。

建立基线之后将根据保障策略变更的潜在收益和 PBL 协议的可行性,提出有关持续分析的"继续/停止"建议。项目管理办公室应审核 PBL 策略可能提供的成本节约和战备完好性改进方案,并在业务案例分析中探索可能的替代方案。

5.1.2 业务案例分析

业务案例分析的目的是对装备保障备选方案的成本、效益和风险进行分析和比较,从而为产品保障经理确定最佳产品保障策略提供参考。业务案例分析清楚地区分了各个替代方案的成本、效益和风险,从而帮助项目选择以最低的使用与保障成本满足作战人员需求的替代方案。

业务案例分析的重点是关注各个替代方案,并清楚地确定产品保障替代方案和分析的范围。影响业务案例分析范围的主要因素包括:

(1) 时间与计划表;
(2) 成本/效益;
(3) 组织;
(4) 功能与职务;
(5) 地理区域、站点和位置;
(6) 技术;
(7) 平时和战时使用环境。

业务案例分析的范围取决于产品属性和第 3 步基线标准中评估的保障要素。业务案例分析替代方案会对政府与商业产品保障供应商之间的关系做出界定。因此,分析中应包含合伙企业的注意事项和供应商之间的协议类型。

业务案例分析需要对与 PBL 替代方案相关的公私合伙企业合作协议进行分析,PBL 替代方案考虑的合伙企业协议类型包括工作共享协议、直接销售协议和租赁协议等。同时,需要对 PBL 的合作关系进行评估,图 2-6 所示为对 PBL 方案的合作关系进行评估的步骤和关键要素。

在完成 PBL 方案的合作关系评估之后,项目经理就能确定每个参与者的相对优势,从而推荐适合于 PBL 的替代方案,且可实现双赢的合作关系。

产品保障经理将使用基准线(第 3 步)、性能成果(第 4 步)、范围和合作关系等选项,确定可控制和分析的替代方案数量。分析的替代方案数量应在可控制的范围之内,并在成本、效益和风险方面确定各方案之间的显著差异。已部署系统的替代方案应包含"按现状执行"策略。对于研发中的系统,不存在"按现状执行"策略。替代方案应代表不同的方法和产品保障供应商,并合理地考虑系统当前知识产权环境可负担的约束条件或机遇。

在完成第 5 步之后,产品保障经理集成产品小组将最终确定分析的范围,并列出可供考虑的 PBL 替代方案清单,其中替代方案还包括从合作关系评估中获得的选项。

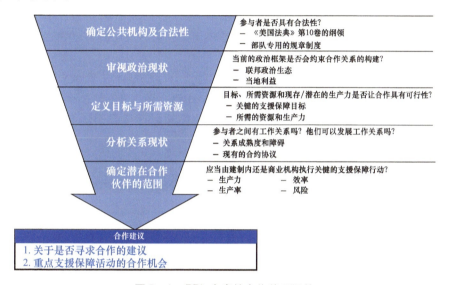

图 5-1　PBL 方案的合作关系评估

5.1.3　产品保障价值分析

业务案例分析确定了 PBL 的替代方案及其详细信息后,就需要对 PBL 替代方案进行全面分析,进而量化成本、效益和风险。产品保障替代方案的分析同时包含财务和非财务考虑因素,以及可量化和不可量化要素。此外,分析还可能包括对性能、可靠性、维修性和保障性的评估。项目可在做决策时,对使用成本、效益和风险等因素设置不同的权重来体现不同因素的影响程度。

可以通过效用法,用预定的权值乘以量化的成本、效益和风险得到每个替代方案单独的分数或效用值。然后项目经理可以使用该效用值从第 5 步给出的产品保障替代方案中选择最佳的选项。效用值的计算如下:

$$U_i = \omega_1 c_i + \omega_2 b_i + \omega_3 r_i$$

式中:U_i 为第 i 个方案最终的效用值;ω_1、ω_2、ω_3 分别为成本、效益和风险的权重,为方便处理,一般有 $\omega_1 + \omega_2 + \omega_3 = 1$,同时为了保障权值的客观性,应该在开始分析之前就确定下各权值;c_i 为第 i 个方案成本的量化值;b_i 为第 i 个方案收益的量化值;r_i 为第 i 个方案风险的量化值。

需要说明的是,公式中的成本、效益和风险的量化值一般是经过归一化或标准化处理后的数值。下面分别介绍成本、效益和风险的分析和计算过程。

1. 成本估算和分析

产品成本估算的目标是编制和预测每个替代方案在特定履约期内执行规定产品保障任务所需的成本。产品保障替代方案的成本估算应该考虑系统、子系统或组件的整个寿命周期。成本估算时考虑的成本动因包括库存成本、发运和包装成本、修理成本、合同商的人工成本、修理加工成本和训练成本等,成本估算常用的方法包括实际数据法、工程分析法、类比法、参数法和专家意见法等。

产品保障管理集成产品小组在获得各替代方案的成本估算结果之后,应分析其结果,确定对替代方案影响最大的成本动因。图 5-2 对 3 个通用子系统替代方案之间估算成本的差异进行了描述。估算时假定剩余的系统使用时间为 20 年。

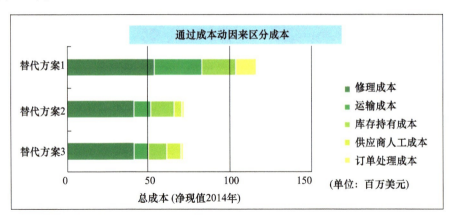

图 5-2 由各成本动因计算的累计成本

在图 5-2 中的示例中,对于除供应商人工成本之外的所有成本动因来说,替代方案 2 和方案 3 相比于替代方案 1("按现状执行"产品保障状态)更为便宜。替代方案 2 和方案 3 的成本比替代方案 1 分别少 4400 万美元和 4500 万美元。在修理成本、运输成本、库存持有成本和订单处理成本方面似乎存在节约的可能。成本可能通过外场可更换部件修理量、供应链效率和可靠性改进实现节约。通用子系统可能存在的成本节约从替代方案 1 转移至方案 2 或方案 3,表明成本标准更支持向 PBA 过渡。

集成产品小组还应该考虑接下来 2 年、3 年、5 年或 20 年(或系统寿命周期结束时)的估算成本,以评估各替代方案的长期成本波动。

2. 效益分析

效益分析应考虑替代方案满足作战人员需求的可能性,以及其对各军种和政府的潜在效益。通常,效益分析的依据是 3~5 个最重要的效益标准,效益标准可以是定量的(如系统的可用性),也可以是定性的(如系统的可管理性)。《国防部产品保障业务案例分析指南》中列出了产品保障管理集成产品小组应考虑的 9 个效益标准类别,分别为:

(1) 可用性;
(2) 可靠性;
(3) 保障性;
(4) 武器系统的预期使用寿命;
(5) 可管理性;
(6) 可持续性;
(7) 多功能性;
(8) 经济可承受性;
(9) 使用频率以及紧急/非紧急使用。

集成产品小组可以根据系统、子系统或组件的实际情况,参考以上全部或者部分效益评估标准,制定详细定义。一旦确定了效益评估标准,就开始确定各项效益的相对重要性,每个标准最终的结果为一个以百分比表示的权值。例如,选择装备可用性、可靠性和可管理性作为最终的效益标准,得到系统评估标准权值为装备可用性(50%)、可靠性(25%)和可管理性(25%)。

为对效益进行相互比较,已评估的效益范围应映射至一般数值范围内。例如,数值范围 1~10(10 表示最优选择,1 表示最不建议的选择)可确保每个替代方案的效益标准评估值与评级数值的组合。表 5-2 为前面提到的评级数值与数值/定性描述的对应关系。

表 5-2　样本效益规模

等级	可用性	可靠性	长期可管理性
10	95%	95%	非常容易
9	90%	90%	容易
8	85%	85%	比较容易
7	80%	80%	稍显容易
6	75%	75%	稍显容易至正常
5	70%	70%	正常至稍显容易
4	65%	65%	稍显困难
3	60%	60%	比较困难
2	55%	55%	困难
1	$X<55\%$	$X<55\%$	非常困难

产品保障管理集成产品小组会对每个替代方案的每个效益标准进行评估。根据该小组的评估结果,每个效益标准会获得用 1~10 的数值表示的效益评级数值。最后,某个方案的最终效益得分为

$$b_i = \sum_{j=1}^{N} v_j bs_j$$

式中:b_i 为方案 i 的最终效益值;v_j 为第 j 个效益评估标准的权重值;bs_j 为第 j 个效益评估标准的评级数值。

由上式计算出的数值越高,表明该方案是效益分析中最具吸引力的替代方案。效益分析结束后,该效益分数将归入每个替代方案中的效用值计算。

3. 风险分析

风险是产品保障经理在评估产品保障替代方案时应考虑的关键标准。成本与效益分析可显示部分替代方案优于其他方案之处,而相对风险评估则可通过考虑实现约定的成本节约或性能改进目标的可能性。

进行风险分析首先要对风险进行识别,《国防部产品保障业务案例分析指南》中给出了 10 个可为风险识别提供帮助的风险类别,分别为:

(1) 商业或项目风险;
(2) 使用风险;
(3) 适宜性风险;
(4) 过程风险;
(5) 技术风险;
(6) 进度风险;
(7) 组织风险;
(8) 可持续性风险;
(9) 安全风险;
(10) 环境风险。

产品保障管理集成产品小组可以此为参考识别各个类别的风险,但是也无须对各个类别进行逐个分析。

对风险进行识别后,就需要对风险发生的可能性及后果进行评估。风险矩阵是一种常用的用于评估不同风险严重程度的方法,在风险矩阵中用 1~5 表示风险的可能性和影响程度,风险矩阵如图 5-3 所示。

风险矩阵可帮助产品保障经理和产品保障管理集成产品小组,对不同替代方案的不同风险进行对比,风险矩阵还可促进与项目经理和外部利益相关方的沟通。图 5-3 中,红色区域表示高风险,黄色区域表示中等风险,绿色表示低风险。

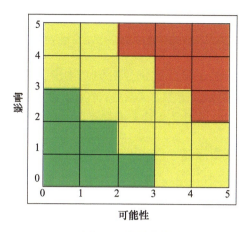

图 5-3 风险矩阵

风险得分的计算方法为替代方案内部风险的平均可能性乘以平均影响力,如下式所示:

$$平均风险得分 = 平均可能性 \times 平均影响力$$

计算出平均风险得分后,风险分析的结果就应该归入成本和效益分析的结果。相对而言,对每项替代方案所固有的相对风险进行叙述性描述,可能是对小规模或简单分析来说最好的方法;对于更复杂的产品保障分析,最好的方法应该是将风险矩阵的结果归入包含成本与效益分析结果的效用值。

5.1.4 保障方法确定

一旦产品保障替代方案完成分析,性能成果与成本目标量化为各项指标,为后续分析提供保障的效用阈值也已确定,政府和商业供应商的相关指标也已在规定的产品保障性能范围内完成评估,此时,产品保障管理集成产品小组就可为项目经理推荐一个可供其确认的选项。然后,选定的产品保障替代方案将用于制定合理的 PBL 协议。

一旦选定替代方案,产品保障管理集成产品小组就可以方便地制定 LCSP 扩展策略和制定 PBL 协议。选定的产品保障替代方案包含与成本相关的信息,产品保障经理可以利用这些信息与各军种的资源提供方协商资金需求。与各军种装备司令部签订的筹资协议应该包括在 LSCP 内,并在保障司令部代表签字确认后生效。

以上就是产品保障策略的全部分析过程,该过程结束后,项目管理办公室也已选定唯一的方案。下一步的工作就是根据选定的产品保障方案指定 PSI 和 PSP。

5.2 业务案例分析模型

尽管《PBL指南》论述了业务案例分析的基本步骤,但是在实际应用过程中,并没有一成不变的模型和方案。本节结合实际案例,分析了在实际产品保障方案中应用业务案例分析模型及其实施过程。

5.2.1 问题和模型描述

本节以美军的"影子"(shadow)无人机系统保障为例,论述不同的保障方案对成本(以美元价值计算)和使用可用性[1]等指标的影响。在成本分析中,使用Microsoft Excel电子表格和Arena仿真软件,记录系统的全寿命周期费用,当组件可靠性或后勤保障要素发生变化时,它们可以计算附加值。同时将各种情况与基线进行比较,从而确定用于提高可靠性的投资收益的拐点。

本节提供了三个模型,分别用于计算武器系统的全寿命周期费用和使用可用性。

第一模型称为"大型全寿命成本"(Large LCC),其重点是关注整个全寿命成本结构,其中包括 RDT&E、生产、系统组件和运营保障功能,例如培训、人员配备和维修水平。"大型全寿命成本"电子表格将在方案1和方案2中使用。

第二个模型是"小型全寿命成本"(Small LCC),专门针对中继级(Ⅰ)的维修活动。第一个和第二个模型使用电子表格,专注于全寿命成本和可靠性的分析。

第三个模型使用 Arena 仿真软件包作为项目经理的辅助决策工具,来确定武器系统的使用可用性。小型 LCC 和仿真模型都将用于方案3。

对于大型 LCC 电子表格模型,将需要数据来填充"用户输入用户"页面上的部分,其中包括:

(1) 常规;
(2) 培训;
(3) 使用;
(4) 人员配备;
(5) 维修和设备;
(6) RDT&E 和生产;
(7) 组件输入。

对于仿真模型,"输入"页面的关键数据需求是武器系统的 MTBF 部分。除

---

[1] 根据 GJB 450A – 2004《装备可靠性工作通用要求》和 GJB 451 – 90《可靠性维修性术语》翻译。

此之外使用可用性的计算还会使用备件级别和"周转时间"(Turn Around Time, TAT),以及每次维修的运输成本。

5.2.2 数据来源

Excel 表格使用的数据最初是由加利福尼亚州蒙特雷的海军研究生院的 K. Kang 教授设计的。原始模型最初用于"垂直(起飞和着陆)战术无人飞行器"(Vertical(Take-off and Landing)Tactical Unmanned Air Vehicle,VTUAV)案例研究,本节的案例继续使用 Kang 教授的数据,以进一步研究国防部当前正在使用的实际无人机系统。

为了将该模型应用于当前的无人机系统,陆军的"影子"系统被用来建立系统保障基准线模型,包括识别系统组件和子组件,系统使用阈值和目标要求,系统人员配置水平,维修要求以及使用时间等。但是,"影子"无人机系统无法提供例如 MTBF、单位成本以及关键和非关键项目的标识等无人机相关信息。相反,这些信息是从目前海军航空系统司令部(NAVAIR)正在开发的无人机系统中获得的实际的或最佳估计的数据。最后,陆军和海军的无人机系统都只使用了基层和基地两级维修活动。

5.2.3 模型假设

必要的假设和限制是建模和分析的重要步骤。这些假设都经过仔细考虑,以确保假设适合标准和现实情况。

分析过程中使用假设数据的区域注释如下:

(1)大型全寿命周期费用模型用户输入页面。

①一般输入数据;

②训练输入数据;

③使用输入(仅每飞行小时 POL 成本)。

(2)人员配置输入(仅中继级)。

①维修和设备,包括测试设备成本、中继级激活成本、中继级运营成本(单位为年)、基地维修成本以及运输和装运成本;

②RDT&E 和生产输入数据;

③中继级和基地级维修费用。

(3)组件输入数据(可靠性因素)。

①车辆 MTBF 和单位成本;

②发电机单价;

③发射器 MTBF 和单位成本;

④回收装置的 MTBF 和单位成本。

(4)培训用户输入页面(每个级别所需的资金)。
(5)RDT&E 和生产输入页面。
(6)备件关键产品的保护等级为 95%。
(7)备件非关键产品的保护等级为 85%。

5.2.4 模型的限制和应用

模型的限制主要包括全寿命周期费用模型的限制和仿真模型的限制。

1. 全寿命成本模型的限制

电子表格对于全寿命周期费用计算非常有价值,只要提供的每一个输入数据是真实准确的,就可以得到准确的全寿命周期费用计算结果。但是该计算本质上是静态的,并且没有考虑可靠性、周转时间和使用可用性之间的相互作用。针对本案例,电子表格无法反映可靠性和使用可用性(A_o)之间的动态关系,使用可用性的定义为

$$A_o = (\text{MTBM})/(\text{MTBM} + \text{MDT})$$

可靠性下降会增加故障的频率。这将导致维修设施的工作量增加。随着工作量的增加,设施的运营可能会陷入维修周期的瓶颈。这种额外的工作量将进一步导致 MDT 增加,并对周转时间产生不利影响。电子表格模型不会反映此动态关系,而仿真模型会反映这些动态关系。最后,电子表格也不计算使用可用性。

2. 仿真模型的限制

Arena 建立的仿真模型能够反映使用可用性(A_o)、MTBM 和 MDT 之间的动态关系。仿真模型的使用限制和电子表格模型是相同的,两者都依赖于用户的输入,程序需要严格使用输入数据来计算使用可用性。仿真模型的计算结果是否准确取决于模型及输入数据的颗粒度。假设该模型仅包括无人机武器系统的三个子系统,则只需要这三个子系统的 MTBF 输入数据,如果该模型包括子系统下的所有组件,则需要所有组件的 MTBF 输入数据,评估结果也更加准确。最后,仿真模型没有考虑成本因素。鉴于此,电子表格模型和仿真模型是相互补充的。

3. 模型的应用

尽管这些模型以陆军和海军的无人机系统为对象进行分析,但如果可以获得其他系统的相关数据,就可以将这些模型用于其他任何武器系统。一旦获得所需武器系统的完整信息,就可以将数据输入这些模型中,以代替无人机系统作为新的保障基准线模型。数据单元填充完毕后,将生成基线模板模型,用作基准标准以针对任何可用选项进行评估。如果承包商提供了建议,此工具可使项目经理做出更好的合理判断,并确保为战斗人员提供经济、高效且可靠的武器系统。

5.3 保障方案分析

本节继续使用前面提到的两种电子表格模型和仿真模型对三种不同的保障方案进行分析。

5.3.1 保障方案概述

三种保障方案中,每种方案还提供了两个选项,用于与基准方案进行分析比较。对于前两种情况,使用了"大型全寿命周期费用"模型的电子表格工具来计算从研发、使用部署到武器系统处置阶段的全寿命周期费用。将每个选项的全寿命周期费用与基准方案的全寿命周期费用进行比较,以表示这些选项对成本的影响。前两个方案计算武器系统的全寿命周期费用,而第三个方案则使用"小型全寿命周期费用"模型和仿真模型。小型全寿命周期费用模型分析了固有可靠性对全寿命周期费用的影响,而仿真模型则估算了武器系统的使用可用性。此外,仿真模型还反映了可靠性和使用可用性之间的动态关系。通过电子表格模型捕获全寿命周期费用,并通过仿真模型分析可靠性和使用可用性,这两个模型都是分析以下方案的主要工具。这些方案及其主要过程如表 5-3 所列。

表 5-3 保障方案

方案类别	方案描述
方案 1	基准方案:通过提高系统可靠性和改革维修等级来减少后勤规模和全寿命成本。无人机系统在基层级(O 级)、中继级(I 级)和基地级(D 级)之间的维修工作分配分别是 5%、75% 和 20% 方案 1-a:取消中继级维修,在基层级和基地级维修之间分别分配 30% 和 70% 的维修工作;假设的可靠性(用 MBTF 表征)与基准方案相同 方案 1-b:取消中继级维修,在基层级和基地级维修之间分别分配 10% 和 90% 的维修工作;除了承包商提高该系统的可靠性外,承包商还建议管理备件库存和运输
方案 2	基准方案:项目经理正在考虑将 UAV 系统的中继级维修通过 PBL 合同外包给 UAV 的原始设备制造商需要确定中继级维修活动的外包是针对整个系统还是特定的子系统。分析的指标包括可靠性、周转时间、培训成本、人工成本以及中继级维修设施成本等 方案 2-a:将单个关键组件(如无人机的发动机)的整个中继级维修活动外包 方案 2-b:在基准系统中更改了更多的指标变量,从而为项目经理提供有关单项更改的价值信息

续表

方案类别	方案描述
方案3	基准方案:项目经理正在寻求激励合同,并评估潜在的激励措施可能产生的影响。考虑将特定子系统的中继级维修活动进行外包。潜在承包商可能会重新设计子组件,以实现更大的 MTBF,并减少周转时间(TAT),备件库存将由军种管理 方案 3 - a:当前,便携式地面控制站(Ground Control Stations,GCS)的 MTBF 为 200 小时,单位成本为 100000 美元。假设便携式 GCS 的中继级维修时间为 20 天,人工成本为每小时 100 美元。将维修活动外包将使人工成本增加到每小时 500 美元。项目经理如何证明将 MTBF 提高到 500 小时的动机 方案 3 - b:承包商不重新设计便携式 GCS,即 MTBF 没有变化,但建议降低周转时间。周转时间减少对项目产生什么价值

5.3.2 辅助决策工具的应用

电子表格模型和仿真模型是方案分析使用的主要辅助决策工具。两者互相补充,共同为项目经理提供了不同保障方案对全寿命成本以及其他保障指标的静态和动态影响分析。

1. 电子表格模型的应用

在尝试确定改变单个组件或系统变量以确定对全寿命成本和使用可用性的影响之前,首先要确定系统的基准模型。在确定了基准模型以后,需要在全寿命周期费用电子表格模型中标识一般信息、培训、使用、人员配备、维修和设备、RDT&E 与生产以及组件信息的各个成本部分,如图 5-4 所示(大型全寿命周期费用)。

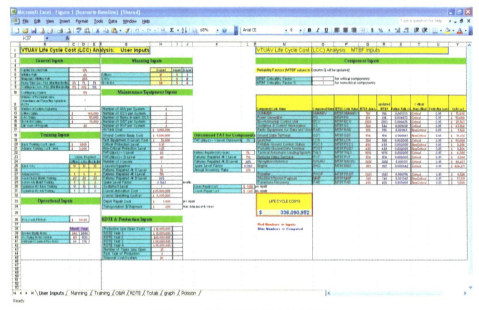

图 5-4 基线模型的用户输入页面

该用户输入页面链接到其他个人工作页面，包括人员配置、培训、RDT&E、O&M 和总计。带有黑色字母的单元格是静态数字，在每种情况下都保持不变，但是如果需要可以更改。带红色字母的单元格是需要数据的输入单元格。此数据是用于比较 LCC 变化（如果有）的动态数字。带有蓝色字母的单元格是模型计算出的数字，例如"用户输入"页面上的 LCC。输入页面填充后，其他页面将自动更新为相同的数字。"用户输入"页面的关键数据要求包括需要标识为"关键"或"非关键"的"系统组件"和"子组件"。其他关键数据要求是用红色字母表示的单元格，例如系统的"单位成本""平均故障间隔时间"（MTBF）、"寿命"（以年为单位）以及每个维修活动级别的"人员配备要求"。小型 LCC 模型使用 O&M 数据填充字段，并对每个单元遵循相同的颜色逻辑。

现在，在基准方案中可以将各个成本部分隔离开，与建议的另一个选项进行比较，以代替当前执行的过程或服务。例如，在决定消除武器系统的任何特定级别的维修活动或将其外包给承包商之前，项目经理必须能够计算出在某种水平上愿意为该服务付出的费用。没有此功能，项目经理将无法进行准确的成本效益分析。该项目中使用的全寿命周期费用电子表格模型是一种辅助决策工具，可以在决定是否消除或外包特定服务，或维修是否为计划和整个系统功能带来附加价值之前，极大地帮助项目经理进行有根据的成本效益分析。

在决定更改特定的维修级别或活动之前，另一个重要步骤是确定每年运行此活动的当前状况和成本。当前的成本结构可以从图 5-4（大型全寿命周期费用）中生成的基准模型数据中检索。通过此模型，可以将维修活动成本结构中的每个级别隔离开，以确定基于人员、培训和维修成本的年度成本。此外，基于年度成本还提供了可靠性级别。借助此信息，项目经理可以同时查看当前提供的可靠性水平和成本。如果承包商建议针对目标成本结构和可靠性水平执行任何级别的维修，则项目经理将能够使用此电子表格决策工具，在承包商的报价和当前执行的操作之间进行有根据的比较。对于其他过程的分析也是如此，通过更改单个或组合变量，最后计算对整体成本和可用性的影响。

需要注意的是，在更改单个变量之前，需要合理地设置和更改电子表格的计算公式。例如，在对方案 2 进行分析的过程中，为了允许模型更改单个组件（如发动机）的周转时间，用户必须将 O&M 工作簿页面的单元格 G22 中的方程式从

$$= AVHours * SpareLevelFactor$$

修改为

$$= AVHours * SpareLevelFactorOut$$

可以对任何相应的单元进行此更改（如 G23 将更改螺旋桨的周转时间）以更改单个组件的周转时间。更改单元格 G22 时，仅会更改发动机的周转时间，

其他所有的中继级周转时间都将反映在图 5 - 4 的单元格 H22 周转时间(天)中。项目经理现在可以根据周转时间确定将关键组件的中继级维修外包的成本上限,除非承包商能够提供更高水平的可靠性,否则任何高于该数字的美元金额都不会具有成本效益。

2. 仿真模型的应用

全寿命周期费用是一个复杂的方程式,更改任何一个变量都会更改整个方程式。要确定一项计划的最具成本效益的投资,项目经理需要对改变一个变量的影响进行分析,以确保对全寿命周期费用的贡献。全寿命周期费用模型能够计算备件需求、运输、库存和武器系统全寿命内的维修费用,但静态特性是其关键限制,该模型仅关注武器系统的可靠性和维修性静态指标,但无法计算使用可用性(A_o),也无法反映平均维修间隔时间(MTBM)和平均不能工作时间(MDT)之间的动态关系。

仿真模型可以解决电子表格模型的局限性,可以评估并以图形的方式描绘任何投资对提高使用可靠性的投资可用性的贡献。使用 Arena 建立的仿真模型的示例如图 5 - 5 所示。

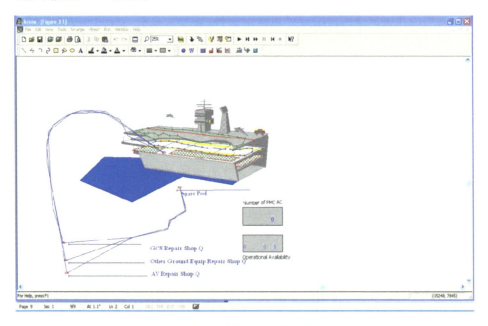

图 5 - 5　方案 3 使用的仿真模型

针对不同场景下的武器系统组件,项目经理可以通过使用仿真模型反映组件 MTBF 的增量对系统使用可用性的影响,以确定可靠性的价值和投资回报率的拐点。同时项目经理还可以使用该辅助决策工具向作战人员提供他们在使用可用性方面的增值。

5.3.3 模型分析

本节以方案3-a为例,论述电子表格和仿真模型在具体方案中的分析过程。在方案3-a中,如果将维修外包,则必须计算出最有效的可靠性改进。假设将维修工作外包也会导致组件的重新设计以提高MTBF,还假设每次故障需要往返维修的运输费用为200美元。便携式GCS的平均故障间隔时间(MTBF)的增加导致库存所需维修的备件数量减少,每年每个无人机系统的故障数量减少,以及年度维修总时间和运输费用减少。将MTBF增加到500h,该系统的LCC变为22836902美元。这比将LCC的维修费用仅外包给承包商的25961315美元减少了3124413美元。节省的成本可能是可靠性提高的价值,项目经理可以使用该价值来评估对承包商的金钱奖励,衡量承包商的增值并确定激励合同的内容。该计划的关键是可靠性问题,项目经理必须权衡任何可靠性改进方案和相关成本。如果项目经理将维修活动外包,则希望周转时间减少,这是另一个可以进一步研究的变量。此外,衡量周转时间减少对项目可靠性和成本的影响,将有助于项目经理做出投资决策。基准线的年度备件总成本为每年1449000美元,年度库存率为21%。项目经理降低了专用于便携式GCS的周转时间,从而能够量化收益拐点。该辅助决策工具为项目经理提供了逐步更改变量并查看每次更改将如何影响总拥有成本的功能。成本的计算公式是比较复杂的,方案3的基准线成本计算示例如图5-6所示。

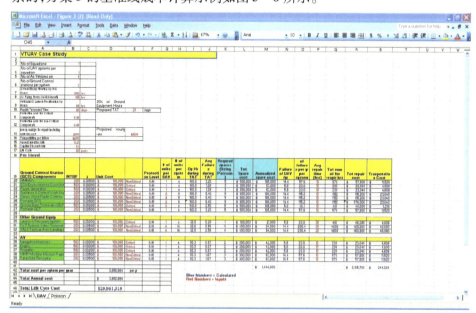

图5-6 方案3的基线成本计算过程

项目经理做出影响到项目寿命的投资决策所需的信息必须准确。如本方案所示,在将成本外包给人工时,该单独变量会显著影响总维修成本和全寿命周期费用。项目经理必须了解全寿命周期费用的公式以及每个人如何为此费用做出贡献。通过了解便携式 GCS 可靠性每提高一次所带来的回报,项目经理将能够证明与可靠性每增加 1% 相关的成本,并确定收益降低的拐点。使用图 5-6 中的电子表格模型,项目经理可以确定如果将便携式 GCS 的可靠性提高到 500 小时 MTBF,则总维修成本减少了 69120 美元,所需的总备件从 9 个减少到 4 个。知道了这些信息后,项目经理便可以准确评估所需的后勤规模大小,更重要的是,项目经理能够通过后勤规模大小以及相关费用来支持武器系统的保障决策。

5.3.4 结论和建议

由于国防部没有标准化的模型和工具,项目经理难以评估纳入合同的潜在激励方案的价值,当前使用的一些工具也无法为各军种提供衡量激励合同价值的标准化应用程序。因此需要开发可以准确衡量这些激励措施的附加值的辅助决策工具,以帮助项目经理确定具有成本效益的改进方案。本章提出的业务案例分析模型演示了隔离分析一个或多个成本参数(例如人工费率、MTBF 或人员配备水平)以确定应用项目的奖励价值,该奖励价值由项目对可靠性和全寿命周期费用的贡献来衡量。模型以"影子"无人机系统为例,通过创建三个假设方案,使用电子表格模型和仿真模型,分析了在激励合同下更改基准方案对成本和可靠性的影响。当组件的可靠性或后勤保障要素发生变化时,模型量化了这些激励措施的附加价值,这些附加价值是根据对无人机系统使用可用性和全寿命周期费用的贡献来衡量的。为充分分析系统全寿命周期费用,要考虑与人力、培训、RDT&E 和 O&M 相关的多项成本要素。

方案 1 描述了消除中继级维修活动的情况。维修分为基层级和基地级维修活动。通过划分基层级和基地级维修责任百分比来计算对全寿命周期费用的影响。在安排维修和人员配置以反映拟议合同中承担的责任时,分析了支持该武器系统所需的后勤规模,明确了备件库存的管理将由军种的建制内单位保留或外包给承包商。

方案 2 是分析和评估激励合同。该合同将武器系统的各个组件的中继级维修外包,并评估了承包商改善可靠性并获得可观回报的利润的动机。电子表格模型提供了维修成本数据,该数据将反映项目的外包情况,以寻求提高组件的可靠性。同时,还分析了周转时间对可靠性的贡献。仿真模型用于反映可靠性的增量,以确定收益的拐点。与电子表格模型一起使用的仿真模型将为项目经理提供成本数据并反映对武器系统的使用可用性的影响。

方案3对中继级维修活动的外包进行了更深入的分析。对关键组件或整个武器系统的维修进行了评估。在将维修外包时评估了人力和培训成本，并且可靠性的增长成本也会影响全寿命周期费用。

本章建立的全寿命周期费用模型为标准化的全寿命周期费用模型提供了思路，使用标准化的全寿命周期费用计算和分析工具对于确定保障方案的收益和成本、分析特定变量具有重要意义；通过本章的分析也可以看出，可靠性的增加对于降低全寿命周期费用、提高使用可用性具有重要作用，应该在武器系统的研发阶段就重视对可靠性的分析和投资；同时，使用电子表格模型和仿真模型应该考虑参数的变化和不确定性，并结合置信度等方法，为项目经理提供更全面的决策辅助。

业务案例分析（BCA）是评估各类产品保障替代方案效益、成本和风险的过程。业务案例分析的结果可帮助项目经理确定特定的产品保障解决方案，以及在合适的情况下，提供可支持PBL协议制定的数据（工作范围、性能目标、指标、角色与职责）。根据《美国法典》第10编第2337节寿命周期管理和产品保障部分的规定，产品保障经理必须开展合适的成本分析，验证产品保障策略。此外，产品保障经理还应在每次变更产品保障策略之前或每隔五年（以先到的时间为准）对产品保障策略业务案例分析进行重新验证。

第6章　PBL 合同及其激励措施

《PSM 指南》和《PBL 指南》的第 11 步是制定产品保障合同/PBL 合同。实际上,该步骤是在之前进行的复杂分析研究的基础上,以法定形式对产品保障各方达成的条款的法定表述。PBL 合同是连接产品保障供应方和作战性能的桥梁,也是执行和评价 PBL 的主要依据。PBL 最大的特点是在其合同中明确规定了可以度量的、反映作战需求和产品保障结果的指标和对应的激励措施,不同的激励措施又构成了不同的合同类型。

6.1　PBL 合同框架和类型

前面章节提到过,PBL 合同包含多种形式,例如与地方工业部门签订的合同,以及其他建制内政府部门和修理机构之间签订的各种形式的合同、谅解备忘录、合同备忘录等。传统的保障合同是交易型的,合同付款与采购的物品数量或服务次数相关,而 PBL 合同是基于性能的,合同付款与乙方达到的目标和结果相关。

6.1.1　PBL 合同框架

《PBL 指南》中给出了 PBL 合同的通用框架,PBL 合同一般采用通用的标准格式来制定。PBL 合同一般分为 4 部分共 13 节,其中第 1 部分对应为第 A～H 节,第 2 部分对应第 I 节,第 3 部分对应第 J 节,第 4 部分对应第 K～M 节。PBL 的合同框架如表 6-1 所列。

表 6-1　PBL 合同框架和主要内容

第 1 部分:进度表		
A 节	合同形式	包括发行办公室、地址和联系电话等基本信息
B 节	补给品或服务项目价格/成本	包括对补给品或服务以及数量的简要描述
C 节	技术要求或技术规范/工作说明	包括对补给品或服务数量的简要概述
D 节	包装和标记	提供了关于包装、打包、保存和标记的要求

续表

		第1部分:进度表	
E节	检查和验收		包括检查、验收、质量保证和可靠性等要求
F节	交付或履约		规定了交付或履约的具体时间、地点和方法
G节	合同管理所需数据		包括任何所需的审计、拨款数据,所需的合同管理信息和其他指令
H节	合同的特殊要求		包括对没有被纳入到第1部分、第2部分或第3部分的任何特殊合同要求的明确声明
		第2部分:合同条款	
I节	合同条款		标准条款包括规定合同各方权利和义务
		第3部分:文件、附件和附录清单	
J节	文件、证明和其他附件列表		列出了附件、文件和证明
		第4部分:陈述与说明部分	
K节	身份合格证明和证明书		身份合格证明和证明书
L节	规定、须知和注意事项		规定、须知和注意事项
M节	评估合同授予的因素		评估合同授予的因素

合同内容中,特别是C节和H节都会包含制定PBL合同时应考虑的最佳实践方法。C节的重点是确定性能要求、奖励措施、需求变化、项目管理等内容。H节的重点是特殊合同要求,其中包括PBL合同的特殊要求。H节内PBL所特有的考虑因素包括库存保管、财务改善与审计准备、政府所有的库存(包括国防后勤局资产)的使用,以及现场服务代表的任用等。

该步骤结束后完成PBL合同。特定的角色、职责、关系和合同奖励措施等都需要在PBL合同的范围内正式化。合同应该反映前面步骤分析的输出信息,从而确定合适的PBL方案。此外,此合同还包含用于来源选择和成果获得程度评估指标的价格和性能要求。合同的具体内容应获得全部利益相关方的认可,并与产品保障经理的项目持续保障策略保持一致。

6.1.2 PBL的合同类型

根据定价和激励机制的不同,PBL合同可以分为固定价格类合同和成本类合同两大类。顾名思义,固定价格类合同可以理解为"总价"一定的合同,如果合同商能够节约成本,将获得更多的利润;成本类合同一定程度上可以理解为一种根据成本浮动的定价机制。这两种合同结合不同的奖励机制又衍生出了不同的类型,常见的PBL合同类型及其衍生类型/细分形式如表6-2所列。

表6-2 PBL合同类型

合同类型	合同衍生类型/细分形式
固定价格合同 (Fired-Price Contract,FPC)	严格固定价格合同(Firm Fixed-Price,FFP)
	随经济价格调整的价格合同(Fixed-Price Economic Price Adjustment,FPEPA)
	固定价格加奖金合同(Fixed-Price Award-Fee,FPAF)
	固定价格激励合同(Fixed-Price Incentive Fee,FPIF)
	固定价格激励连续目标合同(Fixed-Price Incentive with Successive Targets,FPIS)
	可重新确定追溯价格的固定最高限价合同(Fixed-Ceiling-Price Contract with Retroactive Price Redetermination,FPRR)
	可重新确定预期价格的固定价格合同(Fixed-Price Contract with Prospective Price Redetermination,FPRP)
	工作量不变严格固定价格合同(Firm Fixed-Price Level Of Effort Term Contract,FFPLOE)
成本补偿合同 (Cost-Reimbursement Contract,CRC)	成本合同(Cost Contract,CR)
	成本分担合同(Cost-Sharing,CS)
	成本加定酬合同(Cost-Plus-Fixed-Fee,CPFF)
	成本加奖金合同(Cost-Plus-Award-Fee,CPAF)
	成本加激励费用合同(Cost-Plus-Incentive-Fee,CPIF)

国防部绝大多数的PBL合同都是按照固定价格合同来组织的,该合同遵循普遍接受的PBL合同的最佳做法。从2000年以来,严格固定价格合同占国防部PBL合同的68%。2000—2016年国防部不同类型的PBL合同情况如图6-1所示。

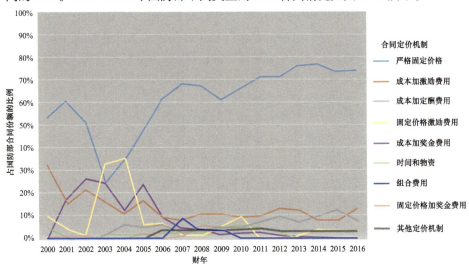

图6-1 2000—2016年国防部不同定价机制的PBL合同分布

从图中可以看出,国防部大量的 PBL 合同采用严格固定价格的形式,其次是"成本+激励"和"成本+定酬费用"的形式。自 2006 年以来,每年有 8%~13% 的 PBL 合同采用"成本+激励"的形式。"成本+定酬费用"的合同在 21 世纪初并未大量用于 PBL 合同,但是在 2004—2011 年之间增长到占据国防部 PBL 合同的 3%~7%,在 2012—2016 年间增长至 7%~12%。

6.1.3 选择合同类型时考虑的因素

为了使采办工作的管理具有灵活性,提高采办项目的经济效益,美军采办部门根据项目的具体情况,与合同商一起协商、选择适当的合同类型。最理想的选择应该是采用一种既能合理补偿合同商成本/利润风险,又能最大限度推动合同商以较低的成本有效地完成任务。由于合同类型和协商后的合同定价相关,所以这两者必须共同考虑。总体补偿合同会综合考虑合同类型、定价和财务状况。政府一般会倾向于使用远期定价合同(这与根据未确定的合同行为或书面合同来授权合同商行事截然相反)。远期定价需要缔约方假定未来的市场变化。所选择的合同类型和协商后的定价应确保政府和合同商之间的风险程度适当,并可平衡上述风险,同时为合同商提供最佳的激励措施,帮助其高效、经济地履行合同。《联邦采办条例》第 16.104 部分介绍了在选择合同类型时应考虑的 10 个因素:

(1)要求的类型与复杂性;
(2)需求的紧急性;
(3)履约期或生产运行时间;
(4)合同商的技术能力与财务责任;
(5)并行合同;
(6)建议分包的范围和性质;
(7)采办历史;
(8)可确保实际定价的价格竞争水平;
(9)可确定合理定价标准的价格分析水平;
(10)成本分析,其中包括对不确定性的成本影响的评估,以及对合同商成本责任的合理分配。

一般来说,合同类型会根据以下部分进行变化:一是合同商根据履约成本承担责任/风险的程度和时间;二是在合同商完成或超过规定的标准或目标之后,向其提供的利润奖励部分的金额和性质。美军对于合同类型的选择,规定了以下 3 条原则。

第一:由招标方式产生的合同,应采用严格固定价格合同或随经济价格调整的固定价格合同的形式。

第二：根据谈判结果而签订的合同，可选择任何合同类型或多种类型的组合，条件是只要能保障政府的利益。

第三：政府采办项目不得采用成本加成本百分数类型的合同[①]。

在理想状态下，基于性能的保障合同应该以固定价格执行，确保以已知的价格实现规定的目标。但是，在确定固定成本、资源和装备基准条件之前，签订固定价格合同的内在风险决定了在产品保障阶段的初期，必须频繁地使用成本补偿合同。一般情况下，除非价格风险可以降低到国防部和合同商的置信水平内，否则应该避免使用固定价格合同。通常，美军基于性能的保障策略会使用阶段性的合同签订方法，首先签订成本补偿合同，然后是成本加激励合同，最后才是固定价格加激励合同。表6-3描述了更好定义合同需求所产生的情况。

表6-3 成本风险和合同类型

成本风险	高					低
需求确定	模糊					明确
生产阶段	概念研究与基础研究	探索性开发试验	试验示范	全面开发	全面生产	后续生产
合同类型	多样	成本加定酬合同	成本加奖金合同，固定价格激励合同	成本加奖金合同，固定价格激励合同，严格固定价格合同	严格固定价格合同，固定价格激励合同，随经济价格调整的价格合同	严格固定价格合同，固定价格激励合同，随经济价格调整的价格合同

不过，根据美国国防部《2014年国防采办系统履约情况年度报告》，合同的履约情况与合同类型之间不存在统计相关性，即合同的类型对于后期是否能够顺利履行合同影响不是特别大。

6.2 PBL合同激励

PBL合同在民营领域已经应用多年，特别是民航领域早已将PBL作为保障飞机的重要手段。PBL在20世纪90年代后期也已经在公共部门得到应用。过去的研究表明，PBL合同可以成功降低成本，同时提高装备性能，而制定合适的性能指标，并制定与性能目标关联且保持一致的激励措施是PBL成

---

① 因为在这种合同中，买方不仅要补偿所有允许成本，而且要按实际成本的预定百分数支付利润。这便意味着，实际成本越高，利润越大，实质上等于鼓励合同商尽量提高成本。

功的关键。激励措施是 PBL 合同的关键组成,也是 PBL 合同区别于其他类型合同的主要特征。

"激励"在经济学上的定义是"对预期行动的刺激"或者"鼓励或刺激某人做某事的某些东西"。在 PBL 中,"激励"是"鼓励预期的产品保障集成商或供应商,生成相关的作战结果的条件"。有效的激励措施能够促使产品保障集成方或供应方实现预期的保障结果。激励可以是任意类型合同的一部分,它们通常包含在 PBL 中。美国国防部将激励视为"是成功的 PBL 合同的一部分,可以用于导出预期的行为或结果"。

PBL 的激励机制并非"干好了多给点钱",或者"干得好继续干"这么简单。激励最重要的是与预期的结果相关联,例如,如果某公司不论是否达到预期的目标都会有一笔奖励费用,那么这种奖励费用就不能称为激励。在合同中包含激励条款后,激励将会促使合同商达到特定的目标和结果指标。在传统的合同中,合同商的利润主要来自出售产品和服务数量的增加,这种情况下合同商就几乎没有动力主动改善产品,如果这类产品和服务被垄断,这些垄断寡头更是没有动力来求新求变。在 PBL 的框架下,性能成为焦点,而不是产品和服务的数量或次数。这意味着合同商需要主动想办法来提高性能从而获得利润。在 PBL 框架下,确实将更多的风险从政府转移到了合同商。如果是传统的交易型保障,政府需要购买很多备件,如果系统老化或者实际比预计的故障率高的话,政府需要承担更多的风险;在 PBL 框架下,政府和合同商的风险是共同承担的。但是,激励旨在寻求一种机制,该机制促使合同商和政府寻找新的共赢方式。从这一点上,也可以将激励作为政府与合同商共担风险、共享收益的方式。

考虑激励时,必须注意的是,政府和合同商的风险关注点和优先级是不同的。供应商首先关注财务风险,这意味着供应商必须关注投入的回报率;相比之下,政府更关注使用风险,这意味着其能力要达到任务目标。在相互矛盾的目标面前,PBL 需要平衡政府和供应商的风险,如果合同商接受了高风险,则必须回报其高利润。关于激励复杂性的另一个需要考虑的因素是,这些激励有时候必须与除了政府和合同商的其他各方(包括合同商的供应商或者参与项目的分包商)都达成一致,这往往是非常困难的。

激励有多种类型,主要包括基于时间的激励、基于财务的激励和基于范围的激励等,本节将结合外军 PBL 合同,论述外军 PBL 中的激励措施。

6.2.1 基于时间的激励

基于时间的激励(time-based incentives)主要指合同的最长期限或者合同延长的时间选项,或者两者都有。Gupta 等的研究表明,合同商的最大的激励是合同的延续性[①]。Gupta 建议,初始合同的最短期限至少应该是 5 年,这样使得合同商有充分的时间可以收回它们最初的投资。例如,F-117 战机的保障合同是一个"5 年 +3 年选项"的形式,这是该项目取得成功的关键之一。但是,对于相对简单的分系统,合同的期限可以适当短一些,但是至少要保证合同商有时间收回投资的收益。美国国防部近几年 PBL 合同的原始期限分布如图 6-2 所示。

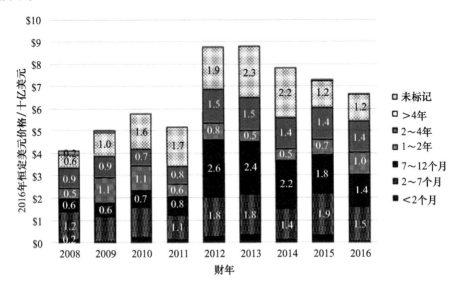

图 6-2 美国国防部近几年 PBL 合同的原始期限分布

实际上,美国海军的 PBL 合同期限相对长一些。但相比之下,英国国防部的 PBL 合同期限更长,这些更长期限的合同促使一个更长期的投资,也已经节约了英国政府几十亿英镑的成本。

澳大利亚使用合同的期限作为主要的激励措施。如一份合同的初始期限是 5 年,政府在第 2 年开始审查合同,以决定合同商是否达到预期的性能基准。如果合同商想要获得持续合作以及获得利润,合同商必须达到与成本、数量和交货情况相关的特定要求。因此,如果某合同商不能满足合同中阐明的需求,合同商就会面临丢失延长合同的机会。

但是,延长合同期限同样面临一些挑战。在现行的《联邦采办法规》和其他相关法规中,都对合同的期限做了一些限制。例如,《联邦采办法规》的 17.204 条款中规定合同的最长期限是 5 年,这包括基本的和所有的带选项的期限。这些法规同时也规定了一些例外的情形,例如国防部规定,除非在高层的许可以

---

① Gupta et al. Contractor Incentives for Success in Implementing Performance Based Logistics: A Progress Report.

及必须有继续延长合同的充分理由,合同的最长期限(包括基本期限和选项期限)可以达到 10 年。在这种情况下,采办官员和合同通常受到政策、法律和法规关于合同持续期限的限制。同时,产品的使用和保障费用也受到每年国会授权的限制。

6.2.2 基于财务的激励

商业公司以追逐利润为主要目标,财务激励就成为一个重要的激励措施。但是,针对商业公司的 PBL 激励也并非"干好了多给点钱"这么简单。激励最重要的是与预期的结果相关联,预期结果往往通过指标的阈值和目标值来反映。例如,某分系统的 PBL 合同中使用用户等待时间和平均故障间隔时间作为指标,并且分别规定了达到这两个指标不同等级的奖励和处罚标准,分别如图 6-3 和图 6-4 所示。

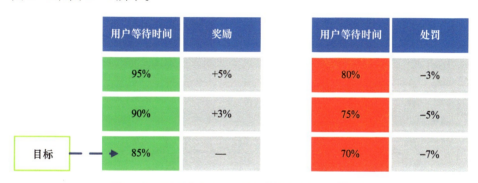

图 6-3 用户等待时间指标关联的奖励和处罚标准

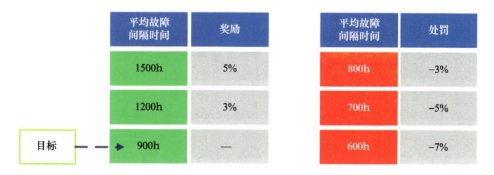

图 6-4 平均故障间隔时间指标关联的奖励和处罚标准

图 6-3 和图 6-4 的示例实际上使用的是 Sols 和 Dinesh 等提出的"死区"(dead zone)模型,其中描述了一个以"死区"为中心的模型,他们将其定义为正常系统性能,但"死区"的底部和顶部边缘分别代表正常系统性能的下限和上限。在该区域,承包商将不会获得性能奖励,也不会受到罚款。如果性能下降

到"死区"以下,则承包商应承担罚款。如果性能超过"死区",承包商应获得超出正常性能的奖金。Sols 和 Dinesh 认为,关键考虑因素是承包商和政府必须就将奖励和罚款与给定的性能参数之间的联系达成共识。但是该"死区"模型在实施时有一个最大的问题——如果需要多个度量标准,该模型就会变得非常复杂。例如,2 个指标将需要 1 个三维空间。国防部有 5 个用于评估后勤性能的参数(使用可用性、任务可靠性、后勤响应时间、后勤足迹和单位使用成本),这需要六维表示。这对设计合同指标是一个不小的挑战。

前面分析的 PBL 合同类型反映的是不同的定价机制,实际上也是不同的财务激励措施的反映。美国国防部近几年不同财务激励措施的 PBL 合同分布情况如图 6-5 所示。

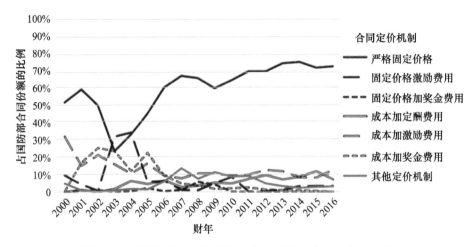

图 6-5　美国国防部近几年 PBL 合同的不同财务激励措施分布

从图 6-5 可以看出,除了在 2001—2003 年固定价格激励、成本加激励,以及成本加奖金费用等类型的合同上升严格固定价格合同出现短暂的下降外,严格固定价格合同一直占据了 PBL 合同的绝大多数;固定价格激励费用和成本加奖金费用等合同类型占据的比例较小;成本加激励型合同从 2006 年以后占据整个 PBL 合同 8%～13% 左右的份额,其中在 2004—2011 年占比 3%～7%,在 2012—2016 年占比 7%～12%。

考虑合同类型时的重要因素之一是利润共享。在严格的固定价格合同中,承包商可以从效率方面获得的任何收益中获得财务利益,而国防部则不会获得超出初始合同价格中所包含的任何成本削减。PBL 通常是固定价格或固定价格激励合同,虽然有其他类型的合同,但是目前固定价格合同仍旧是美国国防部选择最多的合同类型。其他形式的 PBL 合同也可以实现利润共享,因此美国国防部和承包商都可以从降低成本和提高效率中受益。但是,可以有选择地选择固定价格的合同从而进一步加强公司节省资金并降低预算的动机。

另一种方法是使用与性能指标挂钩的财务激励措施。正如针对不同情况存在不同类型的 PBL 合同一样,在不同情况下,与性能相关的激励措施也不同。例如,美国国防部的《PBL 指南》说,"短期成本型激励措施是适当的",特别是对于没有足够信息的项目而言。

研究表明,在系统保障的多个层级,采用负面的货币激励措施(即传统意义上的"罚款")都是非常有效的。相反,积极的货币激励往往并不是有效的,这是因为,对于整个 PBL 合同而言,额外的奖金一般难以让合同商有兴趣实现更高的指标(这往往要承担更多的成本和风险)。实践也表明,很少有为达到指标的更高目标而进行更多的投资或工作,且从中还产生更大利润的合同商。

6.2.3 基于范围的激励

与商业公司以逐利为主要目的不同,建制内的机构和组织以"有事可做"为更多的考虑。实际上,对于商业公司而言,"有更多的事情做"也意味着有更多的获利空间和机会。基于范围的激励正是基于此原理的激励措施。"基于范围的激励"意味着如果合同商实现对应的结果,将获得更多的机会。例如,可以从保障某个分系统或者组件扩展到整个系统或者平台,从保障某个环节到整个供应链等。这对于合同商意味着有更多的获利机会,也意味着性能继续提高的可能性更大。

基于范围的激励机制利用了 PBL 合同固有的利润结构。无论是确定价格的固定合同还是固定价格的激励合同,目标价格都将基于政府对成本的估计加上承包商利润的补偿。承包商通过提供商定的结果,并以比过去更低的成本获得额外的利润。承包商提高效率的能力在理论上与它控制的过程范围成正比。因此,更大的范围意味着更多的收入,这将给承包商带来更多的获利机会,并为国防部带来更高的效率。Gupta 等认为,采用基于范围的激励的另一种方法是将其用作更改合同的机制,并基于性能给予承包商更多的责任和更大的激励。换句话说,范围的扩大可以作为对良好行为的奖励。

根据联邦采购数据系统的分类标准,在美国国防部近几年的 PBL 合同中,PBL 合同的平台分布如图 6-6 所示。

从图 6-6 可以清楚地看出,有人/无人飞机平台在 2009—2016 年占据着 PBL 50% 以上的比例,2012 年有人/无人飞机平台的 PBL 合同达到峰值(因为有 C-17 运输机 PBL 合同的推动);排在之后的是电子、通信和传感器,占据了整个 PBL 合同的 12%,但是在 2016 年下降了 70%(相比 2015 年),这也是 2016 年整体 PBL 合同下降的主要原因。地面车辆在 2009—2015 年仅占整体 PBL 合同的 2% 稍多一点(2010 年达到 3%),但是在 2016 年增加到 5%。导弹和航天系统在 2010 年之前没有超过 1%，但是从 2010 年之后其合同占据整个 PBL 合同的 3% 以上。需要注意的是，几乎没有舰船和潜艇的 PBL 合同，对于小型船只和舰载系统也很少使用 PBL。在 2009—2016 年，舰船和潜艇的 PBL 合同几乎只有 5000 万美元，这主要是因为舰船和潜艇的修理方式与环境，与国防部的大部分库存平台的维修方式不同导致的。

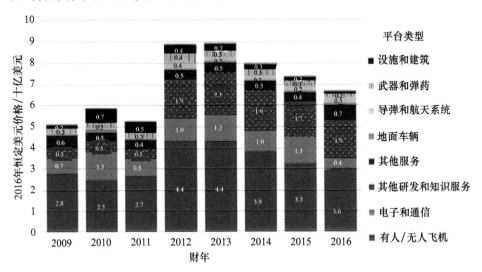

图 6-6　PBL 合同的平台分布情况

6.2.4　其他激励措施

其他的激励措施包括政府和合同商的合作关系以及使用竞争等。《PBL 指南》中已经强调了用户和供应商关系的重要性，这种关系的重要性主要体现在信任、透明和声誉等方面。但是这种关系的重要性可能还被低估了：一些人认为 PBL 是一种严格的商业关系，但是更多的人认为良好的合作关系对于 PBL 也是至关重要的，特别是在 PBL 合同中无法完全预料的情况出现时，这种良好的关系往往是解决问题、缓解风险的良方。但是这种良好的关系无法体现在 PBL 合同以及激励措施中，需要项目经理和产品保障经理与合同商的密切合作。

对于产品保障经理或项目经理而言，需要与产品保障集成商或产品保障供应商建立稳定和良好的信任关系，产品保障经理需要经常与产品保障集成商和产品保障供应商之间保持联系，尽可能地解决工作层面的问题。需要注意的是，这种沟通、协调、透明和信任应该是双向的，受《联邦采办法规》等法律法规的限制。

使用竞争是 PBL 的重要激励措施，但是由于国防采办的特殊性，在产品保障以及 PBL 合同商的选择上，并非是"谁行谁干"的开放式竞争市场。实际上，实施 PBL 的商业主体是高度集中的（在后面的分析中也将清楚地看到这一点），这在一定程度上限制了竞争作为激励的使用。

6.3 制定 PBL 激励时的注意事项

国防采办（包括装备的使用与保障）并非是在竞争充分的市场中直接采购产品或服务，这也是美国国防部实施 PBL 最大的限制。

6.3.1 设计激励时面临的挑战

实施任何类型的 PBA 面临的主要挑战之一是达到合同双方所谓的"共同目的"。基于性能的激励本质上是一种风险（特别是对合同商而言），而用户被迫为这种风险提供额外的奖励。

达到共同目的的首要挑战是选择能够反映双方目的的合适指标。2004 年，国防部负责采办、技术和后勤的代理副部长确定了 PBL 合同的 5 个目标，（项目经理）应该针对特定项目制定相应的指标，从而支撑整个国防部的指标领域。

(1) 使用可用性：整体系统完好性的度量。

(2) 使用可靠性：系统满足规定的任务成功目标的度量。

(3) 单位使用成本：例如，每个飞行小时的成本、驾驶里程、开车时间等。

(4) 后勤规模：需要部署、维持和移动某系统需要的总的后勤保障。保障元素包括库存、人员、装备、运输资产、设施和实体财产等。

(5) 后勤响应时间：从确定需求到满足需求的时间的度量。

以上称为指标"规则 5"（rule of 5）。后来的《PBL 指南》开始强调选择确定合理指标的重要性和必要性。例如，2012 年版的《PBL 指南》指出，在顶层指标中建议使用 5 个或更少的指标，因为过多的指标分散了用户和合同商的注意力，使得合同商不知道应该如何聚焦在真正重要的东西上。但是在实际的 PBL 应用中，有些项目并没有把握这些原则，甚至有些项目划分了很多阶段，每个阶段都有相应的指标。如在 C-17 运输机的保障合同中，根据不同的项目阶段对指标进行了相应的精简。有的项目，如 F-22 "猛禽"战斗机的保障项目，最初在其基线中有若干个指标，但是随后将这些指标精简到了 5 个以下。

2016 年发布的《PBL 指南》继续强调了指标确定的重要性。该指南没有规定和建议指标数量的更低的界限，但是强调了设置"太多指标"的风险。"太多"没有明确说明究竟是几个，但是"太多指标"会使得供应商更多地关注活动而不是最终的结果[①]。

---

① 一般认为 3~5 个关键性能指标（与激励措施关联的指标）是有效的指标数量。

制定与指标相关联的激励措施的一个重要挑战是,供应商可能达到了部分指标规定的值,但是还有一些指标的值未达到。这种情况下,就需要考虑附加或补充指标的使用。制定激励还有一个问题是,有的合同里面不止一个承办商(例如有分包商的情况),这种情况下,针对承包商及其分包商的激励作用是不同的。同时,激励的制定如果存在缺陷又缺乏跟踪监管的话,可能有对合同商有利却对用户不利的情况出现。这些情况在制定激励措施时都是需要考虑的。

6.3.2 在"垄断"实体之间寻求"竞争"关系

竞争是强有力的激励措施,但是由于国防采办的特殊性,该激励措施往往难以实现。近年来,在国防部的 PBL 合同中,有一半以上是属于"无竞争授予",能够在 3 个以上供应商之间开放竞争的更是寥寥无几。国防部在 2000—2016 年 PBL 合同的竞争情况如图 6-7 所示。

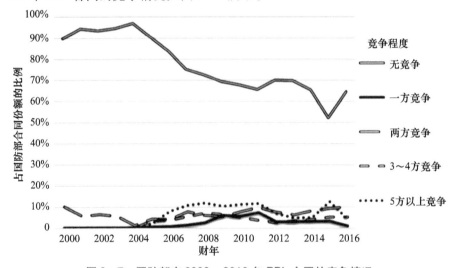

图 6-7　国防部在 2000—2016 年 PBL 合同的竞争情况

从图 6-7 可以看出,PBL 合同的 78% 已经属于无竞争地授予。出现这种现象的原因是大多数平台和系统的 PBL 合同都归原始设备制造商所有。具体的原因如下:

(1)大多数制造商保留其平台和系统的技术数据权利,其他供应商无法执行 PBL 下的功能(即使原始制造商可能愿意出售这些数据权利,其成本也可能超过国防部愿意支付的费用)。

(2)原始制造商已经建立了供应链,而任何竞争接管 PBL 的人都必须从头开始建立新的供应链。

(3)一些试图竞争 PBL 合同的供应商可能会担心原始制造商的竞争优势而不愿意多投入时间和精力。

但是，自 21 世纪以来，经过有效竞争后授予的 PBL 合同义务的份额已大大增加。在 2004 年有效竞争仅获得了 1% 的 PBL 合同义务，但在 2007—2011 年，这一比例上升到 23%~25%。近年来，这一比例下降了，但仍然明显高于 21 世纪初。

对于海军和空军而言，近几年以单一来源授予的 PBL 合同的份额一直保持在 80% 的水平，尽管高于国防部 PBL 的总体水平，但与 2000—2005 年出现的比率相当。相比之下，自 2000 年以来，陆军和国防后勤局的单一来源授予率一直较低，分别为 52% 和 62%。这种差异主要是由于国防后勤局和陆军将其 PBL 合同义务中的较大一部分花费在子系统级和组件级的 PBL 上，而这些 PBL 更有可能让多个供应商有能力执行任务。

为国防部执行 PBL 合同的工业实体非常集中，这是因为许多大型 PBL 合同都与主要平台和系统绑定，而主要平台和系统又由少数最大的国防供应商生产。表 6-4 列出了 2009—2016 年排名前 15 位的国防部 PBL 供应商，包括其各自的合同义务和该时期国防部 PBL 总体合同义务中的份额。

表 6-4 2009—2016 年国防部 PBL 前 15 位供应商

排序	供应商	2009—2016 年总的 PBL 合同总额/亿美元	2009—2016 年占据国防部 PBL 合同的份额
1	波音	145	26%
2	L3 通信公司	74	13%
3	诺斯罗普·格鲁曼	65	12%
4	洛克希德·马丁	44	8%
5	通用电气	33	6%
	前 5 位总计	361	64%
6	空客	30	5%
7	通用动力	22	4%
8	罗尔斯·罗伊斯	22	4%
9	海上直升机保障（洛克希德·马丁和西科斯基公司）	18	3%
10	贝尔-波音联合项目办公室	15	3%
11	德事隆	15	3%
12	雷神公司	13	2%
13	通用原子能	12	2%
14	霍尼韦尔	9	2%
15	达能国际	5	1%
	前 15 总计	522	93%
	国防部全部 PBL	563	

在 2009—2016 年,国防部 PBL 的排名前五位供应商占国防部 PBL 合同总份额的 64%,而国防部排名前 15 位的供应商占 93%。在 2009—2016 年,这两个数字均大幅增加:份额最高的 5 家 PBL 供应商已从 2009 年的 55% 增加到 2015 年的 71%,然后在 2016 年回落到 66%,而进入前 15 位的份额从 2010 年的 87% 增加到 2016 年的 95%。

从 2009—2011 年,诺斯罗普·格鲁曼公司在国防部 PBL 合同义务中所占份额最大,但是自 2012 年以来,波音所获得的份额比排名第二的供应商 L3 通信公司多了近 55%。公司排名的变化可能没有看上去那么重要,甚至几个高价值的合同就能够快速改变排名。这些变化的幅度表明,少数重要的承包机会能够改变这些排名,而不仅仅是公司针对 PBL 的政策。

6.3.3 各激励措施的优势和不足

PBL 项目最佳实践会使用对客户和供应商均有利的行为实施和成果获得。不同类型的激励措施存在一些优势和不足,在制定激励措施时要通盘考虑。

一是增加合同期限的考虑。毋庸置疑,合同的时间长度是 PBL 的一个重要激励,长期合同有助于合同商能够进行更多的投资,从而在合同期限内收回相应的回报,特别是对于复杂的、系统级的保障更是如此。由于受到现行的美国法律和法规的限制,CSIS 的专家认为无论是对于专门的国防工业部门还是国防和商业均有涉及的部门,5 年期限加上 5 年选择期限的合同都是理想的 PBL 合同期限,但是更长的期限意味着政府部门需要承担更多的风险,所以政府部门对更长期限的合同也往往持谨慎态度。最短的合同期限可以是 1 年基础期限加上 1 年选项期限的形式,中间方案包括 2~3 年的期限。国防部 PBL 的专家认为,采用这种固定年限加选项期限延长的方法可以最大限度地平衡风险和不确定性。澳大利亚采用一种滚动式合同期限的方法:合同商如果完成的好,就会在合同的第 3 年继续获得第 6 年的合同;如果第 3 年没有达到议定的性能要求,则在第 4 年还有机会继续努力,从而继续获得第 6 年的续约。国防部的 PBL 专家也建议采用澳大利亚这样的滚动式延长期限的方法。但是根据性能评估结果确定是否续期的方法有时候并不像表面上看起来那么有效,因为有很多 PBL 合同是单一来源类型,供应商实际上并不担心因为性能达不到就失去续约的机会,换句话说,这样的延长合同期限的选项实际上并没有对合同商起到激励作用。对于这类单一来源或唯一供应商的合同,通过延长期限的做法实际上并不会发挥作用。

二是制定财务激励时的考虑。财务激励因素主要反映在合同类型上。国防部的大部分 PBL 合同都是固定价格合同。PBL 合同与传统的交易合同不同,也不能直接参照传统的交易合同设定 PBL 的价格。同时,很多 PBL 项目在实施之初并没有足够的数据,因此,在项目开始时决定项目价格是一件非常困难且具有风险的事情。基于成本的合同涉及比较复杂的审计过程,这对于很多大型商业公司来说是不愿意接受的。负向激励(如罚款)往往是有效的,但是惩罚对于合同商意味着增加了潜在的风险,如果这种风险加大,合同商可能就会提前增加合同的报价。如果合同商达到规定的性能或实现预定的结果,增加奖励费用也是一种常见的激励,但是相比使用财务奖惩措施,更重要的是要设计一种成本和成果的共享机制。

三是扩大合同范围的考虑。根据政府对竞争性采购流程的要求,采用基于范围的激励措施具有挑战性。扩大范围、由单个承包商履行多项职责可能很有意义,并且可以为整个项目节省资金。但是,如果另一个承包商可以较低的价格完成其中一些功能,则他可以抗议更改并要求有竞争的机会。即使没有这种顾虑,确定项目的适当范围也可能具有挑战性。例如,Hunter 等检查了工业产品保障供应商合同,该合同为多个空军航空后勤中心提供了保障。他们发现合同的范围非常狭窄,这种类型的合同还通过限制承包商利用信息来提高效率的能力,限制了承包商提供更好的保障的能力。承包商范围的扩大意味着政府组织范围的缩小,因此,如何在两者之间轻松切换存在着一定的困难。尽管这种情况随着时间的推移有所改善,但确实说明了在确定合适的范围时存在困难,包括基于范围的激励措施的合同。确定合同的适当范围,从而确定政府与承包商之间的风险分配,是 PBL 设计的主要挑战之一。没有正确的、适当的衡量标准,则有可能产生有害的激励措施,从而导致不合理的结果。如果制定了太多指标,或者选择的重点不佳,则 PBL 合同可能无法实现预期的结果。

6.3.4　增加激励的灵活性

奖励措施应考虑合同的范围、系统的复杂性和使用的环境。实际应用中不存在通用的合同和奖励模板。在制定激励措施时,要考虑以下问题。

一是考虑对建制内机构激励措施的不同。地方工业部门或商业机构更多地从财务方面关注投资和回报,但是建制内机构更关注工作量。对建制内机构的激励要以提高能力和确保工作量为主要考虑,激励建制内人员避免其设施被基地或重组委员会关闭。与商业性质的企业共同建立公私合伙企业,确保建制性质的产品保障供应商指标与项目指标保持一致,从而改进各项流程和提高建制设施的能力。上述经过改进的流程和能力可能会导致建制设施的工作量增加。之后,产品保障供应商应继续提高生产能力,满足项目指标要求,并获得更多的工作机会。与其商业竞争对手相比,公共领域的产品保障供应商在获得奖励时会面临不同的挑战和限制条件。法律规定,商业性质的产品保障集成商无须对政府产品保障供应商所提供的额外性能给予奖励。所有提供给建制产品保障供应商的奖金或奖励都必须来自司令部授权的基金（通常金额有限）。

二是制定 PBL 合同应该考虑不确定性和协商机制。无论是 PBL 合同还是其他保障合同，都会出现一些难以预料的情况和异常挑战，例如，使用节奏的突然变化，或者发现重大缺陷等。具有相对简单指标的简单 PBL 也会出现一些不受控制的因素。政府和合同商一般会就一些合同未尽事宜进行谈判并在合同中预先声明其仲裁机制，这种仲裁机制对于更高等级的指标作用更大。激励的灵活性也是如此，需要尽可能地对一些意外情况进行预想预判，并制定针对性的预防措施。

三是能够对合同指标进行相应的改进和调整。灵活性的一种形式是根据合同的进程对指标进行调整，特别是在更新/续约的时候。但是这种方法是有争议的，因为在续约谈判时，政府往往想要实现更高的目标（例如将整个平台作为 PBL 的范围），而激励却简单沿用之前的机制。如果没有经过严格的论证和计算，只是依靠主观推测，PBL 合同最终很可能会沦为传统的基于交易数量和次数的合同。尽早考虑可能出现的大的变化，并且在双方之间再次达成一致，对于 PBL 的成功实施是非常重要的。

第 7 章　PBL 的执行与评估

《PBL 指南》建立的 PBL 应用模型的最后一步是执行和评估。PBL 合同并非是一项可以"签订后不管"的工作,对性能的跟踪是 PBL 合同管理的关键步骤。如果想要满足性能目标,就应根据不断变化的作战人员需求或设计变更采取主动的纠正措施。执行 PBL 合同是一个迭代过程,需要项目经理或产品保障经理对性能进行监控,并评估不断变化的环境,以获得预期的最佳成果。

7.1　概述

执行和评估 PBL 合同的主要工作包括质量保证监督独立后勤评估,以及定期审核与性能监控等。

7.1.1　质量保证监督

使用质量保证监督计划评估性能是一项非常重要的工作,其必须获得许可,通常包含取样或审计要求。产品保障供应商负责确保所有工作的质量,政府则负责监督和控制。标准的质量保证监督计划应解决以下问题:
(1)确定评估的内容、时间和负责评估的人员;
(2)确定质量问题的处理过程;
(3)确定质量保证监控人员。

质量保证是一项持续的活动,其主要用于确定所实施的工作是否满足或超出性能质量标准要求。该活动的目标是防止出现不符合标准的工作,而不是在事后对其予以纠正。质量保证过程的严格程度应与项目需求相匹配,其应为项目管理和控制的主要手段,重点关注意见而不是监督。质量保证监控人员应不受已评估工作的影响。项目应确保自身拥有监控报告管理过程的资源,仅是报告其评估标准不足以确保维持质量标准。

7.1.2　定期审核与报告

PBL 项目应与利益相关方(包括项目办公室、关键用户代表、来自合同小组的代表和产品保障集成商或产品保障供应商)共同完成定期审核。最佳实践组织负责定期完成性能与成本报告,并通过其对项目进行主动管理。上述小组应每月进行正式的内部性能指标审核,并在必要时进行工作级别的审核,以确保充分监控关键操作指标。如果上述小组发现性能"偏离轨道",则其应通过每周的进展报告和会议来促进小组返回合同目标轨道。

管理 PBL 合同的关键要素是了解 PBL 合同以及承包商的提案、组件 PBL 内部管理团队、与外部利益相关方制定管理计划等,图 7-1 汇总了与管理 PBL 合同相关的关键要素。

图 7-1 PBL 合同授予后的管理最佳实践

成功执行 PBL 合同是一个迭代的过程,因此持续的报告,定期与关键利益相关方沟通,以及在规定的时间内对合同性能进行评估就显得尤为重要。

7.1.3 后勤保障总揽图

后勤保障总揽图采用"四方表"的形式,为后勤性能的跟踪和评估提供了便捷的工具。典型的"四方表"如图 7-2 所示。

后勤保障"四方表",顾名思义,由四部分组成,分别是左上角的产品保障策略、左下角的保障进度、右上角的指标数据和右下角的使用与保障数据。下面分别对各个图例进行简要介绍。

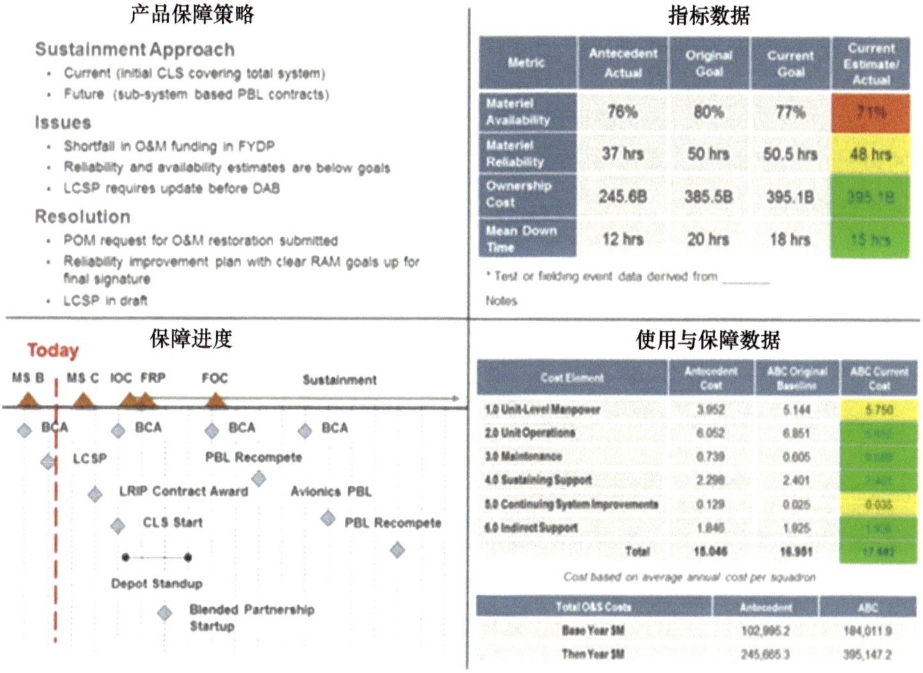

图 7-2 后勤保障"四方表"

1. 产品保障策略

此处的产品保障策略记录了当前和未来的保障方法的一些不同。定义和强调关键的后勤保障要素,从而为全寿命决策规划和在全寿命中达到装备完好性目标提供支撑。强调项目全寿命阶段的关键方面,例如,在里程碑 A 阶段,项目应该制定有效的和经济可承受的保障等。该处显示的要素包括保障方法、问题和解决方法等。

2. 保障进度

保障进度强调总体和当前的保障进度,保障进度必须根据总体进度进行同步,此处显示的信息主要包括里程碑(包括上一周期重大事件的完成情况,以及接下来的时间应该完成的重要事件)和关键的全寿命周期事件(包括业务案例分析、PBL 决策、核心后勤测定等)。

3. 指标数据

指标数据显示当前和估计/预期的指标达成情况。该区域强调和比较关键保障指标或需求,明确当前性能是否能够为寿命周期决策的评估提供支撑,或者为全寿命过程是否满足装备可用性等指标提供充分证据。指标数据应该能够反应最新的保障性能和估计值。

此处的内容包括指标的名称(如装备可用性、装备可靠性、使用与保障数据、平均不可用时间,以及其他必要的补充指标等)、先前的实际数据、原始目标、当前目标、当前的估计和其他事件数据等。

4. 使用和保障数据

此处用于强调、比较实际的和估计的使用与保障数据,从而为系统全寿命的经济可承受性证明提供支撑。这些数据包括成本要素、先前的成本、项目原始基线、项目当前成本和总的使用与保障成本等。

7.2 执行与评估工具

PBL 作为一种产品保障策略,其执行和评估过程需要使用一些特定的工具,包括集成产品保障要素、独立后勤评估和保障成熟度等。

7.2.1 集成产品保障要素

在过去的传统集成后勤保障管理中,产品保障经理可能会想将集成产品保障要素视为一组离散功能,必须分别完成这些功能才能管理保障性。在 PBL 中,所有元素的整合至关重要,产品保障经理必须了解每个要素如何受到其他要素的影响以及与其他要素的联系,通过对集成产品保障(IPS)要素的分析和管理,可以确定特定的协同作用和必要的权衡。因此,应该以综合的方式进行调整,以达到平衡作战人员对适用性和经济可承受性要求的目标。IPS 要素的主要组成和活动如表 7-1 所示。

表 7-1 IPS 的主要要素和活动

序号	IPS 要素	活动
1	产品保障管理	1.1 确定作战和维修人员需求 1.2 联合管理 1.3 合同制定和管理 1.4 保障性试验与鉴定 1.5 保障业务案例分析的制定和修改 1.6 后勤贸易研究 1.7 产品保障性能管理 1.8 产品保障预算和资金 1.9 约束理论管理 1.10 计划管理 1.11 剖面转移计划和转移执行 1.12 后勤政策实施 1.13 配置管理 1.14 基于性能的全寿命产品保障 1.15 持续过程改善

续表

序号	IPS 要素	活动
2	设计接口	2.1 标准化和互操作 2.2 工程数据分析 2.3 网络为中心的能力管理 2.4 RAM 设计 2.5 保障性 2.6 部署性管理 2.7 人–系统接口 2.8 环境管理 2.9 作战人员/机器/软件/接口/使用性管理 2.10 生存性和易损性管理 2.11 经济可承受性 2.12 模块化和开放式系统架构（Modular and Open Systems Architecture, MOSA） 2.13 腐蚀控制与预防 2.14 无损检测 2.15 能量管理
3	保障工程	3.1 部署后使用数据分析 3.2 工程考虑 3.3 分析 3.4 现役装备问题根源分析 3.5 未解决的使用问题的设计更改 3.6 装备提升计划审查 3.7 工程处置 3.8 技术手册和技术指令更新 3.9 修理或升级对比处置或退役 3.10 维修评估自动化 3.11 故障报告、分析与纠正措施系统（Failure Reporting, Analysis and Corrective Action System, FRACAS）
4	供应保障	4.1 初始供应 4.2 定期补充管理 4.3 需求预测 4.4 装备和维修管理清单 4.5 保障装备初始供应 4.6 可修理件、修理用备件和消耗件采购 4.7 分类 4.8 接收 4.9 储存 4.10 运输 4.11 库存管理 4.12 转移 4.13 重新分配 4.14 处置 4.15 全资产可视（Total Asset Visibility, TAV） 4.16 缓存管理 4.17 合规性管理 4.18 供应链保证

续表

序号	IPS 要素	活动
5	维修计划和管理	5.1 维修概念设计 5.2 核心能力管理 5.3 50/50 管理 5.4 公私关系 5.5 维修执行 5.6 维修等级分析 5.7 故障模式影响和危害性分析 5.8 作战节奏差异分析 5.9 常规和战场损伤修理管理 5.10 自检和人工测试管理 5.11 增强型视情维修;诊断、预测与健康管理 5.12 以可靠性为中心的维修 5.13 基地维修工作量分配、计划和执行
6	打包、处理、储存和运输(PHS&T)	6.1 短期和长期预留 6.2 确定保障需求 6.3 确定装箱需求 6.4 确定货架需求 6.5 确定处理需求 6.6 确定运输需求 6.7 确定环境控制需求 6.8 确定物理储存控制需求 6.9 确定静态储存需求 6.10 确定安全分类需求 6.11 标记
7	技术资料	7.1 工程数据维护 7.2 确定配置 7.3 标准管理 7.4 数据项目描述 7.5 技术标准开发和管理 7.6 嵌入式技术数据系统 7.7 交互式电子数据手册管理 7.8 工程制图管理 7.9 数据权力管理 7.10 数据传递 7.11 数据存储和备份
8	保障装备	8.1 手动和自动测试装备 8.2 装备设计 8.3 装备通用性管理 8.4 维修概念集成 8.5 地面处理和维修装备管理 8.6 确定装备容量 8.7 确定空调需求和管理 8.8 确定发电机需求和管理 8.9 确定工具需求和管理 8.10 计量和校验设备管理 8.11 自动测试系统 8.12 保障装备集成产品保障

续表

序号	IPS 要素	活动
9	训练和训练保障	9.1 新装备的个人、机组和单位的初始、正规、非正式和在职培训 9.2 个人、机组和单位的初始、正规、非正式和在职的制度性培训 9.3 个人、机组和单位的初始、正规、非正式和在职的保障培训 9.4 嵌入式训练投入和管理 9.5 基于计算机的训练 9.6 远程培训 9.7 训练装备 9.8 训练器的训练 9.9 仿真器保障
10	人力和人员	10.1 确定系统使用、维修和保障所需的现役和预备役人员,以及满足所需技能和技术等级的文职人员 10.2 战时和平时的人员需求确定和管理 10.3 额外的人员确定和调整过程管理
11	设施和设备	11.1 设施计划管理 11.2 场所激活
12	信息技术	12.1 寿命周期保障计划和管理 12.2 项目防护计划 12.3 测试、评估和鉴定 12.4 国防业务系统 12.5 信息技术服务管理

例如,如果识别出系统故障的次数比预期的要多,经过进一步分析,确定某个关键部件的磨损速度超过其设计寿命所预期的速度,这种情况下如果维修人员已经接受了适当的培训,并确定该关键部件没有在其他引起早期零件故障的子系统中,PSM 应该检查以下 3 个替代方案以及组合:

(1)重新设计零件使其更耐用。

(2)更改维修项目以更频繁地检查该零件,并在其使用寿命中更早更换或检修该设备,而不是进行局部修理(如果进行检修的投资获得了正的投资回报)。

(3)购买额外的零件。

另外,可以应用其他方法。

(1)如果经过商业维修的单元更可靠,请调查是否可以将商业惯例或团队安排应用于有机仓库。

(2)如果缺乏培训导致更频繁的搬迁,请派出适当的培训团队。

(3)如果有新的或更好的测试和维修设备可用,并且有正的投资回报,则现场使用改进的设备。

这些替代方案中的每一个都会对项目产生不同的影响,并且应该评估每个IPS元素的系统可用性、可靠性和成本。

7.2.2 独立后勤评估

独立后勤评估(independent logistic assessment,ILA)是产品保障管理的重要工具和手段,可为项目经理或产品保障经理提供对项目产品保障规划的客观评估,包含PBL检验的独立后勤评估可强化项目保障,并以有成本效益的方式增强保障性和维修性。该评估应根据国防部长办公室和各军种的政策实施。独立后勤评估可为项目管理办公室提供有关成功的后勤保障项目组织和实施的意见,尤其是PBL合同和持续保障策略。

第一部分:计划和组织

计划和组织部分的目的是确保在启动独立后勤评估之前,所有的准备工作准备到位。第一部分的执行过程如图7-3所示。

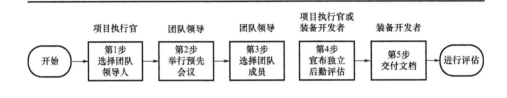

图7-3 独立后勤评估的计划和组织过程[①]

第一部分的主要任务是计划和组织,该阶段包括第1步到第5步的全部过程,下面是各个步骤的简要描述。

第1步:选择团队领导人。

项目执行官、系统司令部指挥官或者被指派的人负责指定有资格的团队领导人以及提供建立评估团队所需要的各种资源。

第2步:举行预先会议。

团队领导人与项目经理共同举行预先会议,产品保障经理和指定的人员通过该会议确定项目办公室、团队领导人和团队成员的职责,讨论特定的审查程序等事项。

第3步:选择团队成员。

团队领导人负责挑选团队成员。团队领导人和团队成员均需要与项目保持独立,并且对其教育和经历都有对应的要求。

---

① Department of the Army Pamphlet 700-28:Independent Logistics Assessments,Headquarters Department of the Army Washington,DC. 17 July 2019。

第4步:宣布独立后勤评估。

项目经理或者其他 PEO 的代表通过电子邮件宣布独立后勤评估的开始,包括独立后勤评估的范围、成员身份、文档请求类别、会议地点、进度、议程、安全和联系点信息等。

第5步:交付文档。

项目办公室应该向独立后勤评估团队的领导人提交之前请求的相关文档,这些文档应该是最新的版本。

第二部分:进行评估

第二部分的主要工作是进行评估,该阶段的主要任务是确定的独立后勤评估的基本方法,以及提供评估的标准和准则。这些标准和准则是针对平台或者特定系统的,或者说它们是关键的评估因素,并且针对特定的评估项目进行了裁剪或增强。单个独立后勤评估团队成员应该在独立后期评估团队领导人的指派下,使用这些标准和准则,以及其他系统司令部或项目执行官提出的特定准则进行评估,第二部分的评估过程如图7-4所示。

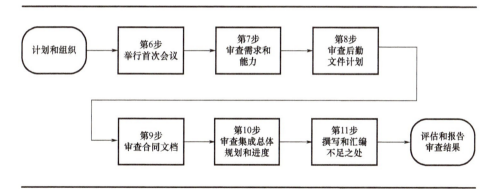

图7-4 执行独立后勤评估过程

第二部分包括从第6步(从第一部分的第1~5步开始计算)到第11步的全部过程,各个步骤的主要工作简要描述如下。

第6步:举行首次会议。

首次会议为后勤评估团队提供了必要的项目背景、当前的状态、后勤结构等信息。

第7步:审查需求和能力。

用户需求和能力构成了保障系统性能需求的基础。独立后勤评估团队必须熟悉需求以及满足这些需求所建立的指标。团队成员在使用自己的"评估标准"进行评估时必须要聚焦用户需求。

第8步:审查后勤文件和计划。

审查采办策略、寿命周期保障计划、产品保障管理计划、可靠性项目计划以及相关其他文件,以确保基本需求已经转化为后勤需求。

第 9 步:审查合同文档。

审查合同以确保达到合适的需求。合同应该提供足够的保障性。这种充足性应该包括集成产品保障和相关的可靠性、可用性和维修性要求,需要的集成产品保障要素和相关的可靠性、可用性和维修性分析,以及使用这些结果对设计的影响分析等。

第 10 步:审查集成总体规划和进度。

对照集成总体规划和项目进度审查独立后勤评估元素评估标准。审查任务的合理性以及进度分配的每个集成产品保障任务完成的可能性。

第 11 步:撰写和汇编不足之处。

独立后勤评估团队成员使用由团队领导指派的评估标准完成审查,团队将会对接受评估的集成产品保障要素的不足之处进行标注,也包括如果未改正这些不足之处造成的影响,以及提出相关的意见建议等。汇总所有人的意见后,会将总结报告提交给团队领导人,团队领导人对所有的不足之处进行审查,以确保这些不足之处与评估标准相符。只有团队领导人与项目办公室后勤领导审查了这些报告,这些报告才能成为正式的报告。

第三部分:评估和报告审查结果

第三部分是评估和报告审查结果。该阶段的主要任务是准备独立后勤评估报告,与项目办公室进行协调,并将报告提交给项目执行官或系统司令部。该报告将作为项目执行官或系统司令部进行集成产品保障要素鉴定决策的基础和依据。第三部分的主要过程如图 7-5 所示。

图 7-5 独立后勤评估和报告审查的主要过程

第三部分包括第 12 步(从第 11 个步骤开始计算)到第 15 步,该阶段各个步骤的主要任务如下。

第 12 步:形成报告初稿。

团队领导人负责监视报告初稿的撰写。在初稿中应该记录所有的不足和建议,编制纲领性的数据,审查单个成员记录的不足和建议等。

第 13 步：向项目办公室简要汇报。

团队领导人向项目经理、后勤管理者和其他关键的项目办公室人员提交评估的报告草案，以确保报告的内容准备且被相关人员理解。

第 14 步：发布最终报告。

项目领导人吸收在第 13 步中与相关人员的讨论意见，并汇总这些更改和修正最终形成报告终稿。终稿要有团队领导人的签名。

第 15 步：发布集成产品保障的鉴定结果。

一旦收到终稿，PEO 和系统司令部指挥官就会审查报告并验证集成产品保障项目是否满足继续进行的条件。PEO 同时应该提前四周将独立后勤评估的报告提交给里程碑决策当局以进行相关的里程碑决策。

鼓励产品保障经理使用独立后勤评估指南和国防部长办公室后勤评估指南中的标准作为指导，以最大程度地提高产品保障组织实现作战要求的结果的可能性。国防部长办公室后勤评估指南中的每一行标准均被表述为主要声明，以激发批判性思维和调查，而并非仅旨在成为合规性声明。

后勤评估与集成产品保障要素紧密结合，这样可以对每个要素进行评估并给出单独的分数。但是请注意，项目保障预算和资金以及环境安全与职业健康的评估要独立于其他产品保障要素，因为它们在很大程度上依赖于产品保障之外的领域专家的组织，并具有与其他集成产品保障要素的活动明显不同的评估标准。

7.2.3 保障成熟度

前面章节中介绍了保障成熟度（SML）的概念，保障成熟度用以评估项目在实施产品保障策略方面进度，包括设计最终的产品保障包，以实现可持续性指标。保障成熟度的概念可以帮助产品保障经理确定应执行的活动以及应何时完成的活动，以确保项目逐渐成熟，并准备在需要时提供保障能力。在不同寿命阶段对应的保障成熟度的演变关系如图 7-6 所示。

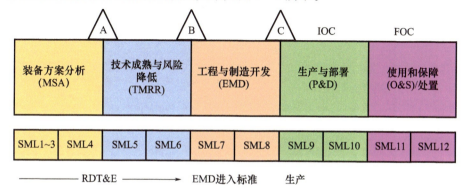

图 7-6　不同寿命阶段对应的保障成熟度

图 7-6 用不同颜色表示了该阶段保障成熟度的要求。产品保障集成包的开发和部署随着时间的推移而发展。保障集成包取决于各种变量，例如作战原则、技术变化以及工业部门和建制内机构的维修能力。因此，用于衡量实施过程成熟度的一致指标可用于在各个团队之间传递进度。各阶段对应的保障成熟度（用不同颜色表示）以及各级保障成熟度的描述如表 7-2 所列。

表 7-2 保障成熟度及其描述

等级	项目评估阶段	SML 概述	SML 描述
1	装备方案分析（里程碑 A 之前）	保障性和保障选项确定	根据作战需求和作战概念确定保障性和保障选项，预料由技术和使用环境导致的可能的保障和维修挑战
2	装备方案分析（里程碑 A 之前）	概念性产品保障和维修概念确定	潜在的产品保障和维修方案的评估和概念确定，确定用于需求与环境限制对保障的影响
3	装备方案分析（里程碑 A 之前）	概念性产品保障、维修，保障需求确定	通过分析文档化备选方案、采办策略、初始能力文档以及试验与鉴定策略，确定基本产品保障和维修概念以及保障能力需求。使用寿命周期估计来评估经济可承受性
4	装备方案分析（里程碑 A 之前）	保障性目标和 KPP/KSA 需求确定。确定系统或供应链的新技术需求	使用初步的保障规划、保障性分析、RAM 分析等确定需要的开发工作
5	技术成熟和风险降低（里程碑 B 之前）	为了达到 KPP/KSA 的目标而确定的保障性设计	分析了初始系统能力和初始的保障性目标/需求，通过系统工程过程和全寿命保障计划形成初始 RAM 策略，设计特征来实现产品保障策略
6	技术成熟和风险降低（里程碑 B 之前）	维修概念和保障策略完成，批准寿命周期保障计划	寿命周期保障技术记录和批准产品保障策略。在 LCSP 中确定和记录供应链性能，在 LCSP 中确定和记录后勤风险，利用建制内机构和合同商的最佳能力保障后勤过程，使用的保障合同策略（PBL 合同）记录在采办策略中
7	工程与制造开发（里程碑 C 之前）	嵌入在设计中的保障性特征。完成保障性和子系统 MTA	根据批准的系统设计和产品保障策略集成和敲定产品保障包。完成符合保障需求的设计。根据 CDR 结果，批准的产品保障包元素需求以及计划的供应链性能预测保障指标
8	工程与制造开发（里程碑 C 之前）	产品保障能力验证和 SCM 方法确认	根据产品保障计划确定产品策略角色、职责和伙伴关系。根据产品保障能力测试和供应链性能验证结果调整预算需求

续表

等级	项目评估阶段	SML 概述	SML 描述
9	生产与部署(里程碑 C 之后)	在使用环境下验证产品保障包(出现在初始作战试验与鉴定中)	通过在使用环境中试验和演示使用测试的代表性产品保障包来验证产品保障能力。制定计划和措施来解决在初始作战试验与鉴定(IOT&E)中发现的问题
10	生产与部署(里程碑 C 之后)	在使用地点使用初始产品保障包。对可用性、可靠性和成本等指标进行性能度量(出现在初始作战能力中)	为各种类型的使用地点提供保障系统和服务。在使用环境中验证保障和产品保障能力。根据计划的装备可用性、装备可靠性、拥有成本和其他保障指标,对保障和产品保障进行度量,并根据性能数据采取改进措施
11	生产与部署(里程碑 C 之后)以及使用与保障	根据使用需求度量保障性能。通过持续过程改善、提高产品保障	定期根据保障指标对产品保障性能进行度量,并及时采取修正措施。根据性能和不断变化的需求对产品保障包和保障过程进行重新定义和调整。主动实施经济可承受的系统效能提高措施
12	生产与部署(里程碑 C 之后)以及使用与保障	全面使用产品保障包,包括基地修理能力(出现在完全作战能力形成时)	保障系统和服务全部集成到使用环境中。完成基地级修理,定期根据保障指标对产品保障性能进行度量,并及时采取修正措施,如产品升级、修改和增强计划。保障策略要充分利用建制内和合同商的能力来提供后勤保障过程、服务和产品。根据计划实施装备退役/处置计划

产品保障经理运用系统工程的方法,对集成产品保障和成本等要素进行整体规划,并通过制定和执行寿命周期保障计划,将作战人员需求与保障结果联系起来。集成产品保障要素、成本以及作战人员需求与保障结果的关系如图7-7所示。

成功的基于结果的产品保障策略使用结构化分析将作战需求与产品保障结果联系起来,全寿命周期保障计划通过独立后勤评估、保障指标以及保障总揽图等进行验证。与独立后勤评估关联的特定产品保障活动也包含在独立后勤评估标准中。

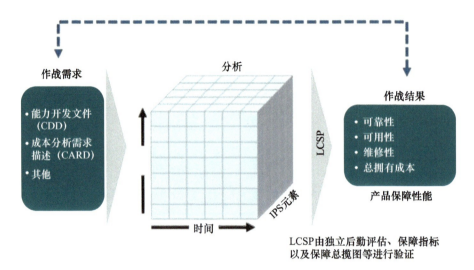

图 7-7　全寿命周期产品保障过程

7.3　PBL 实施效果的评估

国防部指令 DoDD 5000.01 中规定"项目经理应该制定和实施基于性能的保障策略,在优化总体系统可用性的同时,最大程度减少系统成本和后勤规模"。基于性能的保障在很多案例中取得的成功已经有目共睹,但是也有人质疑 PBL 是否真的有效,或者质疑 PBL 可能在一定程度上提高了性能,但是并没有降低成本等。对 PBL 效果的评价应该建立在基于事实的科学评估上(基于事实和数据的科学评估是回应质疑、打消决策者顾虑的基本思路和方法),本节通过具体的案例,论述 PBL 的评估过程和主要结论。

7.3.1　PBL 实施的整体情况

美国国防部从 1999 年开始应用 PBL,当时美国空军与洛克希德·马丁公司签署合同,来保障 F-117"夜鹰"战机。经过十几年的发展,PBL 不仅提高了美军装备的完好水平,也降低了使用与保障成本。

在军用航空领域内,美军与波音公司签订的 C-17 运输机和 F/A-18W/F 保障项目是两个典型的基于性能的保障项目。美国空军表示,C-17 的可用性达到美国空军大型机队中的最高水平,平均每架飞机每年的飞行时间为 1200～1300h,高于预计时间 20%,任务执行率达到 85% 左右,用户满意度评价达到 90%,并使 3 年内的使用与保障费用分别节约 1000 万美元、1200 万美元和 1500 万美元,波音公司因此也获得了激励奖金。在波音公司与美国海军签订的

F/A-18E/F后勤保障合同中,波音公司负责该机型73%的器材保障,包括3889种武器备件、653种中继级可维修件、349种保障设备。从实践结果看,该合同将项目式零部件合同转化为性能水平合同,提高了军队用户的保障水平和武器装备的战备完好性,并为美国海军节约7400万美元的综合保障费用。

PBL的成效在阿富汗和伊拉克战争中得到充分验证。例如,美国海军与霍尼韦尔公司、卡特彼勒物流公司、切里波因特海航站签署了为期10年的辅助动力装置的基于性能的保障合同。自合同实施以来,霍尼韦尔公司将用户等待时间由原来的35天缩减为5.5天,海军估计成本节约5000万美元。特别是在阿富汗战争期间,该合同发挥了巨大作用,不仅满足了60%的直接作战需求增长,而且从订货到交付的时间也限制在6天以内,有效保障了海军机队的快速部署和关键航空任务的顺利完成。在伊拉克战争期间,波音公司、项目办公室、海军库存控制站、海军航空站共同为F/A-18E/F飞机实施后勤保障。这个团队提供备件率超过95%,并在48h内交货,使得F/A-18E/F的任务出勤率达到90%,战备完好性达也创造出历史最高水平。

7.3.2 PBL有效性验证

2009年,列克星敦研究所的Daniel Goure博士的研究表明,绝大多数PBL合同都是成功的,在显著提高装备可用性的同时,降低了成本。他研究、调查了23份基于性能的合同,结果表明,这些合同平均每年可节省2100万美元。他的结论是,基于性能的保障是有效的,并且将可用性提高了20%~40%,同时将成本降低了15%~20%。Goure博士在其报告中列举了几个成功的基于性能的合同,例如C-17运输机、F/A-18战斗机、战术空域一体化系统H-60直升飞机、B-2轰炸机,以及F-22战斗机[1]。2009年2月,负责装备完好性的国防部副部长Randy Fowler写过一篇文章,列举了项目的成本效益(表7-3所列)[2]。

表7-3 美国基于性能的保障成功节约成本的案例

项目	系统描述	基于性能的保障所有者	总成本效益/百万美元
C-17	运输机	空军	477
F/A-18	战斗/攻击机	海军	688
AH-64	攻击直升机	陆军	100
TOW-ITAS	综合移动导弹瞄准系统	陆军	350
"哨兵"AN/MPQ-64	移动防空雷达	陆军	302

---

[1] Goure D., Back to the Future, The Perils of Insourcing, The Lexington Institute, 2009 p.2.
[2] Fowler R., Misunderstood Superheroes, Batman and Performance Based Logistics, Defense AT&L: Jan-Feb 2009, p.13.

Fowler 副部长通过表 7-4 列举了一些优秀的基于性能的保障应用,作为实现性能收益的证明。

表 7-4 美国 PBL 成功改善性能的案例[①]

项目	系统描述	基于性能的保障所有者	可用性提升	周期时间下降
F/A-18	战斗/攻击机	海军	23%	-74%
轮胎	飞机轮胎	海军	17%	-92%
F-22	战斗机	空军	15%	-20%
UH-60 航空电子装备	多用途直升机	陆军	14%	-85%
F-404 发动机	F/A-18 飞机的喷气发动机	海军	46%	-25%

虽然还缺少更加详细的成本数据,但是 Fowler 认为该结果已经很明显,基于性能的保障是有效的,PBL 显著提高了装备性能,降低了总的使用成本。

7.3.3 基于统计的 PBL 项目评估

到目前为止,负责后勤和装备完好性的国防部首席副部长于 2012 年 4 月特批的《项目验证点》才是最具决定性的研究。该研究对基于性能的保障产品保障策略进行了独立的、基于事实的评价[②]。《项目验证点》在 89 项经过美国各部门确认的项目中选择了 21 项进行分析。他们认为这一样本数量已经足以代表一般情况。《项目验证点》的团队分析了一个具有代表性的样本,该样本包括所有部门的系统、子系统和组件以及各种各样的合同结构,目的是通过这些证据判断 PBL 合同取得成功的关键,从而在提高性能的同时降低整体成本。

1. 研究方法

该项研究通过一个双层分析方法来验证假设:分别在武器系统、子系统和主要组件层面,对传统方法和 PBL 方法在提高战备完好性和减少寿命周期成本方面的效果进行比较。下面分别介绍各层的主要内容。

第一层:对 21 项实施 PBL 的武器系统、子系统和组件进行了分析,这些项目代表了不同的军种和不同的合同结构,以此来确定 PBL 对性能和成本的影响,并从有效的分析中使用归纳推理得出一些普遍意义的结论。推导逻辑采用

---

① Fowler R., Misunderstood Superheroes, Batman and Performance Based Logistics, Defense AT&L: Jan - Feb 2009, p. 13.

② Boyce J. and Banghart A., Performance Based Logistics and Project Proof Point, Defense AT&L Project Support Issue, March - April 2012 p. 26.

概率的方法,这意味着推导的结果是基于事实但并不完全保证是正确的。特别是,该分析说明了单位性能成本上升或下降,但是并不能证明是 PBL 导致这样的结果。

第二层,第一步:使用"深层财务分析"方法从 21 项系统、子系统和组件中分析其中的 6 项(同样代表不同的军种和不同的合同结构)来分析 PBL 对成本的影响,包括在原始设备制造商的成本机构中使用的财务审计方法和军种的定价结构,以及谈判过程的深层次分析和原始设备制造商的投资策略。

第二层,第二步:使用"统计深层分析"方法对 21 项中的 5 项进行分析,这 5 项同样代表了不同的军种和不同的合同结构,以此确定 PBL 对特定武器装备成本的影响。使用归纳法,严格的统计方法,以及广义线性建模的方法对装备需求、可用性和成本预测进行分析,以此确定 PBL 策略与成本变化的关系。使用广义泊松回归技术,将预期要求和可用性作为装备、时间和相互作用的函数,将根据平均价格计算的整体成本作为预期需求和可用性的函数,计算 PBL 对成本等影响的统计显著性和保守估计。

2. 评估结果

通过对这几个项目的研究和评估,分别得出具有不同置信水平的统计结果,具体如下。

1)具有一定置信水平的统计结果

(1) PBL 可以起作用。

(2) PBL 可以有效激励供应商的行为,从而为系统、子系统和组件的保障提供良好的保障价格和性能。

2)有令人信服的证据,但是缺少严格的统计标准

(1) PBL 确实可以起作用(当有大量的项目附带 PBL 的原则时)。

(2)精心设计的 PBL 合同通过激励来"制造竞争",迫使供应商减少内部浪费和提高产品质量(减少数量需求),同时减少过程和工料成本。

(3)供应商的行为直接受合同中的激励措施的驱使。

(4)军种部从他们的合同或激励中得到结果。

3)具有优势证据

提供稳定收益流和包含精心设计的成本和性能激励的长期合同,能够为军种带来可预见的积极收益。

经过分析的 PBL 合同确实能够减少国防部的单位性能成本,同时提高系统、子系统和组件的战备完好性和可用性水平,如图 7-8 所示。

由于数据所有权和敏感性等原因,不能对数据的细节完全公开,数据的回归分析结果如表 7-5 所列。表 7-5 中的项目是对项目 PBL 成熟度的评估。

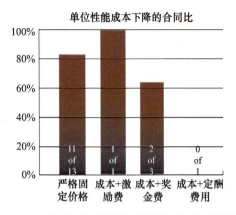
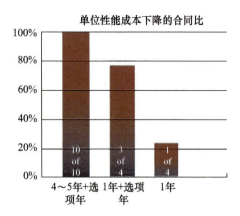

图7-8 不同合同类型(左)和合同期限(右)对单位性能成本的减少的影响

表7-5 PBL数据的回归分析结果

项目	类型	成熟度	合同期限	合同类型	成本	性能
1	子系统	绿色	5年	固定价格加激励	▼	▲
2	子系统	绿色	5年,3年+2年(选择)	固定价格加激励	▼	▲
3	组件	绿色	5个基本年,2个选择年	固定价格加激励	▼	▲
4	子系统	绿色	5个基本年,1个选择年	固定价格加激励	▼	▲
5	子系统	绿色	4年	固定价格加激励	▼	▲
6	系统	绿色	5年	固定价格加激励	▼	▶
7	子系统	绿色	1个基本年,9个选择年	固定价格加激励	▼	▶
8	部件	绿色	5个基本月,7个选择年	固定价格加激励	▼	▲
9	系统	绿色	5年	固定价格加奖金	▼	▲
10	子系统	绿色	1个基本年,1个选择年	固定价格加激励	▼	▲
11	系统	绿色	5年	固定价格加激励	不确定	▲
12	系统	黄色	1年1次	成本加激励	▼	▲
13	子系统	黄色	5年	固定价格	▼	▶
14	系统	黄色	6个基本年,6个选择年	成本加奖金	▼	▲
15	系统	黄色	1个基本年,7个选择年	固定价格加奖金,成本加激励	▼	▶
16	系统	黄色	5年,期间可选择	固定价格加激励	▼	▼
17	系统	黄色	1个基本年,7个选择年	固定价格加激励	▲	▶
18	系统	黄色	1年	固定价格加激励	▲	▲
19	系统	黄色	1年	成本加激励/成本加奖金	▲	▶
20	系统	橙色	1年	无	不确定	▶
21	系统	橙色	1年	成本加定酬	▲	▶

在21项评估项目中,13项开始未使用PBL策略,在使用PBL策略之后其中有12项实现了改善的使用战备完好性,与之前未使用PBL相比,减少了成本。剩下的8项从开始就使用PBL策略,因此没有未使用PBL的数据作比较。尽管如此,依然有14项项目随着时间的推移,在改善性能的同时也降低了成本。

3. 评估结论

通过分析研究可以看出,PBL合同减少了国防部单位性能成本,同时与未使用PBL合同的项目相比,使用PBL的项目在系统、子系统和组件等不同层级都提高了战备完好性和可用性。

需要强调的是,得出此结论的前提是表述的PBL是指"广义的"PBL(即并非完全满足严格的PBL合同的原则和特点)。尽管没有披露详细的定量分析过程和结果,德勤(Deloitte)公司的团队基于定性的方法总结出:

(1) PBL即使是不完美的实施,也能带来很多价值。

(2) PBL没有削弱和降低国防部建制单位的能力。很多PBL包括公私关系,既提高了建制内的能力,也增加了工作量。

(3) PBL可以与政府供应方一起工作,但是制定政府或建制内结构的激励措施是非常棘手和困难的。

项目经理和产品保障经理需要注意:

(1) PBL策略在减少拥有成本的同时提高了战备完好性水平。

(2) PBL策略是灵活的。他们同样能够应用于系统、子系统和组件级别的产品保障。

(3) PBL策略是政策。DoDD 5000.01中指出"项目经理应该制定和实施PBL策略,在优化总体系统可用性的同时,最大程度减少系统成本和后勤规模"。

(4) PBL与合同商后勤保障并非是同义词,成功的PBL策略能够最大限度地利用公共和私营部门的能力。

美国国防部每年大约花费900亿美元在保障上。据估计,实施PBL每年可以为国防部节约大约10%~20%的经费。针对PBL的争议需要建立在事实和数据上,通过本节的分析发现,PBL的作用毋庸置疑,因此,美国国防部没有理由不继续实施PBL的相关项目。

第 8 章 前景展望

基于性能的保障诞生于西方国家,在文化背景、制度机制、管理运行等方面与我国的国情存在较大差异,因此必然需要进一步深入研究和探索,寻找立足我国的实际的"中国解决方案"。根据美国近 20 年实践的情况,美国各方对基于性能的保障有称赞,也有怀疑,一方面强调 PBL 的重要性,另一方面也发生过美国空军从洛克希德·马丁公司收回基于性能的保障权的情况。因此,在选择 PBL 之前和推行 PBL 的过程当中,都要本着认识先行、试点摸索、数据奠基、长期积累、循序渐进的原则,注意防止一边倒的认识和做法。同时也应该看到,我国在基本政策、市场环境、基础支撑等方面也基本具备了实施 PBL 的基础和条件,总体风险基本可控,预期能够取得显著的军事经济效益。

8.1 美军 PBL 的发展现状及进展趋势

自从 20 世纪 90 年代末美军提出了 PBL 策略,经过近 20 年的发展,PBL 取得了巨大的进展和成效,已经成为美军首选的产品保障策略。美军在当前以及将来的项目中还将继续加强实施 PBL。

8.1.1 美军 PBL 的实施情况

美军在 DoDD 5000.01 等指令中明确将 PBL 作为武器系统保障首选的保障策略,而且从近几年 PBL 的实施情况来看,美军应用 PBL 的程度还在加强。同时,美军还不断总结 PBL 实施的经验教训,并将这些经验教训纳入不断更新的产品保障和《PBL 实施指南》中。本节按照不同军种、国防部部门以及不同平台类型分析近几年美军实施 PBL 的情况。

1. 美国国防部不同部门的 PBL 实施情况

进入 21 世纪后,美国国防部使用 PBL 的合同在稳步增长。PBL 合同的金额从 2000 年的不到 4 亿美元增加到 2004 年的 20 亿美元,到 2010 年又接近 60 亿美元,此后,美国国防部 PBL 的合同使用出现激增,2014 年达到近 90 亿美元,此后又出现下降①,2000—2016 年,美国国防部不同部门和军种的 PBL 合同金额如图 8-1 所示。

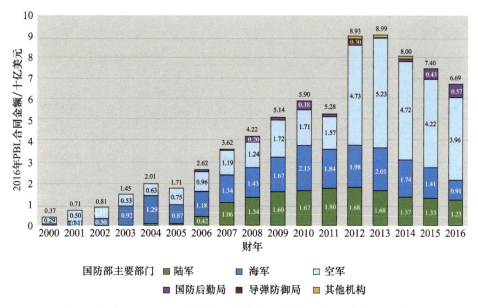

图 8-1 2000—2016 年美国国防部不同组件和军种的 PBL 合同金额

总体而言,国防部 PBL 的合同金额在 2016 年比 2005 年高了近 4 倍,这表明,国防部对 PBL 合同结构的接受程度有所提高。作为美国国防部总合同的一部分,PBL 合同从 2009 年的略高于 1% 上升到 2015 年的近 3%,然后在 2016 年略微下降至 2.3%。

从各军种的分布看,美国陆军在 2005 年的 PBL 合同金额不到 1 亿美元,但是由于 UH-72A 轻型通用直升机和 RQ-2"影子"战术无人机等相关的大型 PBL 合同的推动,到 2012 年 PBL 合同金额增加至 18 亿美元。

美国海军在 21 世纪初的 PBL 合同占比在各军种中占据领先位置,2004 年承担了近 13 亿美元的 PBL 合同,美国海军在 2010 年其 PBL 合同达到峰值,接近 22 亿美元,并一直维持到 2013 年的水平。同时,美国空军早在 2000 年就承担了与 B-2 轰炸机平台有关的 PBL 合同,由于该合同金额,空军的 PBL 合同在 2003—2010 年稳定增加。空军的 PBL 合同在 2011 年至 2012 年之间翻了一倍多,这主要是因为 2012 年空军 C-17A 运输机相关的 PBL 合同项 22 亿美元

---

① 这种下降仅仅是从 PBL 合同额下降观察到的表面现象,实际上,美军的军费支出从 2012 年开始下降(在 2017 年又开始出现回升),总的合同份额也不可避免地出现了下降,如果从 PBL 合同额占据总合同额的比例看,PBL 合同并没有下降,甚至呈现上升的趋势。这在后面的论述中可以更加清楚地看到这一点。

2. 不同平台类型的 PBL 实施情况

美国国防部不同平台类型的 PBL 合同金额也不相同,图 8-2 是合同所在平台类型的分布情况。

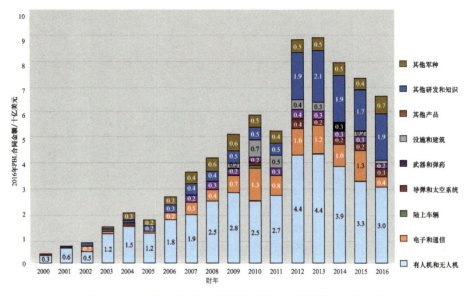

图 8-2 2000—2016 年按不同平台分布的 PBL 合同金额

从图 8-2 中可以看出,有人机和无人机平台一直是 2000—2016 年间 PBL 合同签订量增长最大的推动力。从 2000—2009 年,有人机和无人机每年占据国防部 PBL 合同的 54% 以上,此后每年至少占据 43%,下降的主要是由其他研发和知识类别下的合同增加所引起的。受到 C-17A PBL 计划的增长推动,有人机和无人机 PBL 合同在 2012 年和 2013 年出现了明显的飙升之后又恢复以前的水平。自 2013 年以后,下降幅度较大,许多 PBL 计划的合同金额有所减少。

电子和通信系统一直以来都占据 PBL 合同的大部分份额。从 2007 年到 2015 年,每年都有超过 10% 的此类合同。同时,在 2000—2016 年,陆上车辆仅占据美国国防部 PBL 合同份额的 1% 以上(2010 年为 2%)。2012 年以前,导弹和航天系统的市场份额从未超过 1%,此后一直占据 2%～4%。同样,2000—2006 年,武器和弹药类 PBL 合同从未占据 1% 以上,而 2007—2015 年间,武器和弹药的比例在 4%～7%。

2000—2016 年,几乎没有舰船和潜艇类型的 PBL 合同金额,该类 PBL 合同的总金额不到 4000 万美元。尽管舰船和潜艇的维护和修理需求与美国国防部大多数其他平台不同,但是这些舰船和潜艇平台几乎都没有尝试过 PBL 工作,对于较小的水平舰艇和舰载系统也是如此。

8.1.2 美军 PBL 的最新进展

本节以美军 F-22 "猛禽"战斗机和 F-35 联合攻击战斗机等主战武器平台的 PBL 案例为例,分析美军 PBL 的最新进展。

1. F-22 的 FASTeR 项目

美国空军寿命周期维修中心与洛克希德·马丁公司签署了名为"跟随敏捷保障合同"(Follow-on Agile Sustainment Raptor, FASTeR)的 F-22 保障合同(图 8-3)。FASTeR 本质上是一种 PBL 合同,该合同使得洛克希德·马丁公司能够整合所有的 F-22 的保障活动,为 F-22 的保障提供包括训练系统、保障规划、供应链管理、飞机升级和大修、保障工程、保障产品和系统工程在内的所有保障。

图 8-3 洛克希德·马丁公司获得新的 F-22 保障合同[①]

FASTeR 旨在进一步提高飞机的可用性,减少维修时间,改善可靠性和诊断能力,同时增强效能和最小化成本。F-22 约 50% 以上的维修工作是与修复隐身涂层有关的。美国空军寿命周期维修中心从 2008 年开始,已经多次与洛克希德·马丁公司(F-22 的原始设备制造商,也是 F-22 的保障集成方)续约,以持续为 F-22 提供"一揽子"保障。2010 年,有报道称美国空军准备中止与洛克希德马丁公司关于 F-22 的 PBL,但是有评论文章对美国空军的这种做法提出了质疑[②],更多的细节无从知晓。但是从最近的新闻报道来看,美国空军实

---

① 图片来源:https://www.airforce-technology.com/news/newslockheed-wins-536m-f-22-sustainment-services-contract-from-usaf-5673940/

② Daniel Gouré. Air Force Should Stick With Performance-Based Support Of F-22. December 15, 2009. https://www.lexingtoninstitue.org/author/deniel-goure-ph-d/

际上并没有中止对 F-22 实施基于性能的保障，F-22 的 PBL 还获得过美国国防部 PBL 奖项。2014 年，美国空军寿命周期维修中心与洛克希德·马丁公司签署 4 年、价值 20 亿美元的保障合同；2017 年，洛克希德·马丁公司继续赢得价值 70 亿美元的持续保障合同，将 F-22 的 PBL 持续到 2027 年①。在作战飞机等平台级保障中，有时候将飞机和引擎分别指定给不同的保障集成商，例如，Pratt & Whitney 公司赢得了 F-22 引擎的保障合同，该合同价值 67 亿美元，持续到 2025 年②。

2. F-35 的 PBL 情况

美军在 F-35"联合攻击战斗机"的保障中同样实施 PBL。根据 2019 年 9 月的新闻报道，F-35 联合项目办公室准备继续授予洛克希德·马丁公司一份为期 3 年（2024—2026 年）的 PBL 合同。2019 年，洛克希德·马丁公司在其提交的一份 PBL 建议中提出，在 2025 财年，可以将 F-35 的每小时使用成本缩减至 25000 美元（2018 财年，F-35A 的每小时飞行成本是 44000 美元，F-35C 舰载型和 F-35B 短距起降型的每小时飞行成本更高）。

通过 PBL 合同，F-35 联合项目办公室可以通过固定费率使 F-35 达到特定的性能水平，如每小时飞行成本和可执行任务率根据洛克希德·马丁公司的说法，该 PBL 合同将在提高 F-35 战备完好性的同时，减少保障成本。预计到 2025 年，将累计节约 25 亿美元的开支，到 2035 年，将节约 180 亿美元的开支，同时可执行任务率将达到 80%。这些多年期限的 PBL 合同促使工业部门可以进行长期的投资，整合 F-35 保障供应链的功能，同时（通过提高零部件的可靠性）减少零部件的需求。PBL 合同的维修保障项目包括修理、补充、大修、零部件的升级、库存管理、配置管理和淘汰管理等。最初，洛克希德·马丁公司和联合项目办公室提出了一个为期 5 年的 PBL 合同，该合同不包括该隐身战机的 F135 引擎和自主后勤信息系统（Autonomic Logistics Information System，ALIS）的部件。其中自主后勤信息系统是用于诊断、维修、供应链、飞行操作和训练的管理的软件系统。F-35B 在舰队战备中心接收基地级维修如图 8-4 所示。

---

① Ed Adamczyk. Lockheed Martin awarded $7B contract for F-22 sustainment work. DEFENSE NEWS DEC. 23,2019. https://www.upi.com/Defense-News/2019/12/23/Lockheed-Martin-awarded-7B-contract-for-F-22-sustainment-work/3011577118346/

② FERGUS KELLY, Pratt & Whitney awarded $6.7 billion contract for F-22 Raptor engine sustainment. DECEMBER 15,2017. https://www.thedefensepost.com/2017/12/15/f-22-raptor-engine-pratt-whitney-contract/

图8-4 F-35B在舰队战备中心接受基地级维修①

3. 国防后勤局实施 PBL 情况

国防后勤局是国防部首要的作战后勤保障机构和主要的后勤保障集成商。在过去,国防后勤局主要致力于为作战提供任务和零部件的保障,但是随着 PBL 理论和实践的推进,国防后勤局开始从原来的仅仅作为物资和备件供应商,转变为向各军种提供基于性能的成果的交付者。国防后勤局积极吸收 PBL 相关的理论研究成果,积极推进 PBL 的实施。2020年10月,波音公司获得了国防后勤局价值4.77亿美元的 PBL 合同,负责为国防后勤局提供供应、全部供应链管理和后勤勤务,为多个武器系统平台提供一个长期的、经济可承受的保障结果。该合同的第一阶段是霍尼韦尔唯一授权给波音公司的产品交付和供应链管理,此阶段合同价值3900万美元。届时,波音公司将负责预测、需求规划、捕获、存储、打包和运送消耗件直接到作战人员需求点,从而满足日常需求。该份合同是一个5年期限加上5年可选期限的合同。

8.1.3 美军 PBL 的发展趋势

美国国防部的 PBL 合同在2013年达到峰值后,2013—2016年国防部的总体合同金额下降了3倍之多。陆军(下降27%)和空军(下降24%)的下降幅度与国防部整体的 PBL 合同下降幅度相当,但是海军的下降幅度(下降约55%)是整体下降幅度的2倍。

表明上看,美军的 PBL 合同从2013年开始出现下降,似乎是 PBL 战略受到了

---

① 该图片是F-35B战机在切里波特的海军陆战队航空站的舰队战备中心(Fleet Readiness Center, FRC)接受基地级维修。图片来源:https://www.airforcemag.com/Lockheed-Martin-Proposes-PBL-Plan-to-Hit-F-35-Operating-Costs-on-Time/

某种程度上的"质疑"。但是正如7.3.2节"PBL有效性验证"所说,任何质疑和肯定都应该建立在事实和数据的客观分析上。PBL出现下降有以下几方面原因。

一是美国军费开支前几年出现短暂下降,PBL合同不可避免地受到影响。如第1章中所述,美国的军费开支在经历了几年的上涨后,2012年美国的军费开支首次出现下降,这样的趋势一直持续到2017年[①]。PBL的经费来源包括国防周转基金和直接拨款,直接拨款直接受年度军费开支的影响,总军费下降,PBL合同份额下降也在所难免。

二是PBL合同占据国防部合同的份额实际上并没有下降。从绝对值上看,国防部PBL份额出现了下降,但是这主要是因为总的国防经费、总的合同份额出现了下降,PBL占据国防部合同份额并没有下降。实际上,除了2016年PBL占据国防部总合同份额出现下降以外,从2012年起,虽然PBL绝对份额下降,但PBL占据总合同的份额并没有下降。

三是重大PBL项目会对PBL合同金额造成较大的波动。例如前面提到的,美国空军在2003—2010年PBL合同份额稳定增加是因为承担了与B-2轰炸机平台有关的PBL合同,空军的PBL合同在2011—2012年翻了一倍,是受2012年与空军C-17A运输机相关的PBL合同项22亿美元的驱动。所以,大型主战武器平台一旦实施PBL,其合同金额会显著影响总的PBL合同数额。

四是PBL份额的波动也暴露了PBL实施的困难。从7.3节中的分析也可以看出,国防系统的PBL是在一个相对封闭的环境中进行的,PBL合同商呈现高度集中的特点,合同商之间显著缺乏竞争,很多装备保障甚至只能是单一来源,加上国防系统的特殊性,其他企业执行PBL的难度是很大的。因此,如何在缺乏竞争的环境下制定合适的激励措施是PBL的关键,否则,PBL就会演变成国防部的"一厢情愿"。

8.2　PBL实施的机遇

从前一节可以看出,PBL受到美军的高度重视且的确取得了不错的成绩,同时,从美军实施PBL的趋势看,PBL在未来的应用和实施还将加强。当前的国际政治和经济形势也为PBL的进一步推广提供了条件。

8.2.1　全球政治和安全形势导致各国军费持续增加

当前,全球政治和安全形势深刻变化,"单边主义"、霸权主义横行,传统安全与非传统领域安全问题交叉,使得各国更加重视国防和军备建设。根据斯德哥尔摩国际和平研究所(Stockholm International Peace Research Institute,SIPRI)

---

① 目前只查到了2016年之前的PBL合同份额,至于2018年之后PBL究竟增长与否则不得而知。

的估算数据,2018年世界总军费开支为18220亿美元,占世界国民生产总值(GDP)的2.1%,军费开支在经历前几年的连续下降后连续2年出现增长,并首次突破1.8万亿美元,较2017年增长2.6%,较2009年增长5.4%。世界军费开支在2014年创下2009年后的低点,然后拐头向上,逐年增加。2009—2018年全球军费开支情况如图8-5所示。

图8-5　2009—2018年全球军费开支情况[①]

2018年全球军费增长主要是因为美洲、亚洲和大洋洲军费增长。2018年,美国军费支出增长4.4%,达到7350亿美元,为2010年以来的首次增长。亚洲和大洋洲军费支出增长3.3%,达到5070亿美元。自1988年获得可靠的区域估计数以来,亚洲和大洋洲地区军费开支每年都在增加。上述两大地区的增长主要是由于美国和中国军费开支大幅增加。欧洲军费开支也增加1.4%,2018年达到3640亿美元。2018年军费支出唯一出现下降的地区是非洲,下降8.4%,军费开支为406亿美元。

从图8-5中还可以看出,2009—2018年,世界军费支出增长了5.4%,可分为3个不同的时期:2009—2011年增长,2011—2014年下降,2014—2018年增长。

2009—2018年的军费支出,美国、中国、沙特阿拉伯、印度、法国和俄罗斯等军费开支大国常占到世界军费总开支的2/3左右,因此对全球军费开支趋势产生了重大影响。例如,美国为支持"全球反恐战争"而增加军费预算,导致世界军费开支出现上升。直至2011年,美国决定从阿富汗和伊拉克撤军,世界军费随后开始下降。亚洲和大洋洲军费开支继续增长,主要是由于中国和印度军费

---

① 数据来源:SIPRI官方网站。图中,2009—2018年数据按照2017年美元固定价格和汇率计算,由于中东地区的数据缺失,所以图中没有显示中东地区国家的军费开支情况,但是中东地区估计的军费开支列入了世界军费开支总和中。

开支增加。这也直接推动了2009—2011年世界军费支出的增长。俄罗斯军费开支在2009—2016年也有所增加,但随着2010年以来其主战武器现代化进程放缓,2017年和2018年军费开支随之减少。2009—2015年,沙特阿拉伯军费开支稳步增长,但由于油价暴跌,2016年军费开支也大幅下降。中东地区军费支出大幅下降,部分对冲了全球增长趋势,但全球军费增长趋势主要受欧洲、亚洲和大洋洲支出水平上升的影响。在西欧,2008—2009年经济危机后的最初几年,紧缩措施导致一些传统军费大国削减军费开支,最明显的是法国、意大利和英国。相比之下,北非出现增长是因为阿尔及利亚、摩洛哥和突尼斯支出增加。在东亚,中国继续增加军费,但经济增长放缓导致军费增长率下降。中北美及加勒比地区支出较高主要是因为墨西哥及其扫毒战。

2018年全球军费支出增幅为2.6%,是过去10年中最大的一次,超过了2010年的2.0%。军费的增长为PBL的实施提供了机会和条件。但是军费的增长不意味着"财大气粗",相反,军费的增长和安全与作战需求的增长之间的矛盾仍旧是存在的,各国仍旧在追求"少花钱、办大事",军费的增长意味着也要精打细算,更要"把钱花在刀刃上"。PBL的宗旨是减少保障规模和成本、提高保障性能,PBL无疑仍将成为国防武器系统保障方案的首选。

8.2.2 全球经济形势迫使供应商寻求新的利润增长点

当前,世界经济形势持续低迷,特别是2020年受新冠疫情的影响,世界经济受到严重冲击。回顾过去几年,军费支出占GDP的比例如图8-6所示。

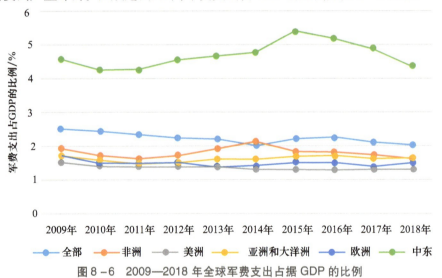

图8-6 2009—2018年全球军费支出占据GDP的比例

尽管世界军费开支增长5.4%,但2018年军费开支占据GDP的比例较2009年下降0.5个百分点。这一下降主要是由于2009年经济衰退时GDP水平极低。因此,虽然从绝对值来看,当前世界军费开支越来越多,但与2009年相比,世界也只是将总资源中的小部分用于军事。平均而言,2018年,美洲国家军费负担最低,占GDP的1.4%;欧洲平均军费负担为1.6%,非洲和亚洲及大洋洲平均军费负担为1.7%,就可查数据,中东国家平均军费负担为4.4%。

经济的持续低迷将不可避免地对军费开支造成影响,也会对国防工业部门和军工企业的营业情况造成影响。图8-7和图8-8分别以洛克希德·马丁公司和波音公司为例,列举了它们近几年(按照季度)的营收和营收增速情况。

图8-7 洛克希德·马丁公司近几年(按照季度)的营收和营收增速情况[1]

图8-8 波音公司近几年(按照季度)的营收和营收增速情况[2]

---

[1] 来源:https://www.macrotrends.net/stocks/charts/LMT/lockheed-martin/revenue。

[2] 来源:https://www.macrotrends.net/stocks/charts/BA/boeing/revenue。

洛克希德·马丁公司和波音公司都是全球军火巨头,同时也是美国国防部名列前茅的 PBL 供应商。从图中可以看出,洛克希德·马丁公司对军费支出较为敏感,相比洛克希德·马丁公司,波音公司对世界经济发展形势更为敏感,这主要是因为洛克希德·马丁公司更多的份额属于军事领域,而民用领域占据了波音公司的较大份额。世界经济和安全形势的共同作用,迫使这些供应商需要寻找新的营收增长点,这就为 PBL 的实施提供了更多的可能和机会。

8.2.3 新工业革命助推 PBL 不断变革发展

继第一次工业革命(蒸汽技术)、第二次工业革命(电力技术)、第三次工业革命(计算机和信息技术)之后,以 5G、人工智能、增材制造、大数据等新技术为标志的新一代工业革命正在进行。新工业革命会对 PBL 产生重大影响,并助推 PBL 不断变革发展。

一是大数据等新技术将对 PBL 的业务案例分析等产生重大影响。基线和业务案例分析是实施 PBL 的重要步骤,是分析产品保障现状和可能达到的改进程度的一种分析和评估,目前的业务案例分析主要使用基于模型的方法,通过有效的数据进行分析,并随着项目的成熟和数据的增加不断修正和完善业务案例分析,从而为产品保障策略的选择提供依据。但是大数据为业务案例分析提供了不同的方法,与传统的基于模型和分析仿真的方法不同,大数据将会为业务案例分析带来不同的视角。

二是增材制造等技术将会影响装备的成本、可靠性以及后勤响应时间。对于可靠性差、后勤响应时间长的系统,选择 PBL 是更合适的方案,成本、可靠性和后勤响应时间是 PBL 合同的常用指标,增材制造技术会影响零部件的制造成本和可靠性,继而对 PBL 的指标和激励机制产生影响。

三是人工智能和增强现实等技术将会影响 PBL 的对象和环境。作战需求是产品保障的源头,确定作战人员的需求也是制定 PBL 的第一步。传统的产品保障主要以硬件系统为主,但是随着人工智能和增强现实等技术的发展,在训练和作战中越来越多地依靠算法和软件,以算法和软件系统为主的产品保障模式势必与传统的基于硬件的系统有着巨大的差异,这将为 PBL 带来更多的内涵。

8.3 美军 PBL 启示

通过美军 PBL 理论和实践的系统研究,对当前我军开展 PBL 的理论研究和实践具有重要的借鉴意义。本节从范围、时间和核心要素等几个方面讨论外军 PBL 理论和实践对我军实施 PBL 研究和应用的启示。

8.3.1 坚持以系统工程方法解决 PBL 实施难题

PBL 是一种产品保障策略,也是美国国防部首选的产品保障策略。制定产品保障策略需要用系统工程的方法,具体如下。

首先,要确定和分析集成产品保障要素。美国国防部在《PSM 指南》中确定了 12 个集成产品保障要素,制定产品保障策略的过程可以看作是一个不断迭代寻优的过程,确定和分析这 12 个集成产品保障要素可以看作是确定问题"自变量"的过程,通过对集成产品保障要素的分析和管理,可以确定特定的协同作用和必要的权衡。单独分析每个产品保障要素,以及各个产品保障要素如何受其他要素的影响,又如何影响其他要素,最后对这些要素进行整个优化求解,从而平衡作战使用性和经济可承受性的问题。

其次,要重视和运用好基线与业务案例分析。基线和业务案例分析用于评估当前的产品保障方案效益和成本和风险,从而确定产品保障"本来是什么样子"以及"可能达到什么样子"必不可少的步骤,在确定和分析集成产品保障要素的基础上,综合运用各种方法,如建模与仿真、数据分析、统计与预测等,对产品保障可能达到的状态进行系统分析、预测与评估。从某种意义上讲,业务案例分析可以看作是对可能的产品保障方案的预演和演练,如果没有这样的分析过程,任何决策和讨论都是盲目的、依靠直觉的主观臆断。

最后,要深刻理解指标和激励措施的关联关系。PBL 与传统保障方案或其他保障策略相比,最大的特点是"基于性能"的,这体现在 PBL 合同类型和定价机制上。制定 PBL 方案的难点,一方面体现在如何确定与作战需求一致的保障指标,另一方面是如何确定与关键性能指标匹配的激励措施。这就要求在实施 PBL 过程中,管理人员不仅要理解保障需求,更要对作战需求有深刻的理解,因为只有理解了作战需求这个源头,才能主动、精确、全面地把握保障需求;要真正理解各个指标之间的相互关系,理解激励措施的激励作用,避免无用的指标或者无用的激励,应切实围绕"性能"如何确定、如何达到预定性能开展各项工作。

8.3.2 坚持推动基于性能的全寿命保障

PBL 的全称是基于性能的全寿命保障,PBL 的全称更能反映 PBL 的重点和核心要素。坚持推动基于性能的全寿命保障,要做到以下几点。

一是强调源头介入。传统的采办和保障是分开的,基于性能的全寿命保障强调在采办的初始阶段就考虑保障问题并进行保障设计,这样在源头上保证了保障与装备共生,从而解决了装备"生"和"养"两张皮的问题。从源头上介入,就是要从系统的研制生产过程就尽可能地提高产品的可靠性、维修性和保障性,从而为基于性能的全寿命保障打下基础。

二是注重全程实施。美军国防采办项目实施里程碑管理,在国防采办的各个阶段,都有对应的保障活动和审查标准。美军将项目经理/产品保障经理指定为产品保障的责任方,即使在 PBL 框架下产品保障集成方也不能代替产品保障经理的角色,产品保障经理实际上负责产品的全寿命保障统一指挥,所有的保障活动按阶段展开。在实施 PBL 战略时,PBL 各方要清楚"什么时候干什么事情",并就各方意见达成一致。

三是善用迭代优化。任何新战略的实施都不可能一蹴而就,美军从 20 世纪 90 年代末开始推行 PBL 战略,首先是从商业案例特别是民航保障中借鉴 PBL 的理念和模式,形成国防部 PBL 的初始认知,其次是针对国防系统和装备的特点渐次推进国防项目的 PBL,在此基础上,根据单个项目、小范围的实践经验不断对国防部实施 PBL 的指南和政策进行修订,经过这样的"实践→认识→再实践→再认识→……"的几轮迭代后,不断提高 PBL 的实际效益。对于在单个项目中实施的 PBL 而言,同样是根据项目的成熟度采取不同的保障策略,保障计划也随着项目的进展不断丰富、细化,这样由粗到细的演变过程,并结合国防采办的里程碑管理,最终形成成熟的保障计划和方案,从而为全寿命保障服务。

8.3.3 坚持以创新驱动 PBL 优化升级

PBL 本质上是一种理念的创新、模式的创新和方法的创新,将传统的基于数量和次数的交易型保障,转变为基于性能的成果型保障。可以说,创新是 PBL 的灵魂。PBL 的基本原理是通过管理目标、管理过程和管理方法的创新,在降低成本的同时,减少后勤规模、提高保障性能。坚持以创新驱动 PBL 优化升级要做到以下几点。

一是针对项目的具体特点采用适合的 PBL 策略。目前为止,《PSM 指南》和《PBL 指南》为 PBL 的实施提供了系统、全面的指导,可以说是 PBL 最重要的参考。该指南根据实践情况经过多次修订,不断将实践经验转换为理论创新。但是不管是《PSM 指南》还是《PBL 指南》,之所以叫作"指南",说明并没有现成的、一成不变的保障策略和模式,更没有放之四海而皆准的保障定律,对于《指南》或者其他实践中没有现成经验或可直接借鉴的案例,要灵活采用创新的方式方法,结合项目所处的环境、本国的政策法律以及项目自身的特点进行量身制作。

二是针对新情况新问题创新 PBL 模式和机制。任何产品保障策略都无法涵盖产品使用的所有方面,制定任何产品保障策略都可能有无法预料的情况发生。在制定 PBL 策略时,要平衡好"严格"与"灵活"的关系,在保障指标特别是关键性能指标的制定,以及与关键性能指标关联的激励措施上,要能够根据形势和任务的发展,为指标的调整和激励措施的改变留有余地,使指标和激励措施的调整最终能满足作战人员的需要。

三是善于从其他行业学习借鉴新技术和新方法。创新是在实践的基础上进行的,对于 PBL 而言,最初借鉴的就是其在商业领域,特别是民航部门的成功实践,除了商业领域,制造业、管理学甚至军事其他领域的新成果都会对 PBL 的研究和实践产生重要影响,要善于从这些研究和实践案例中吸收好的理念、模式和方法,从而为 PBL 的范围、灵活性,以及指标和激励措施的制定等关键问题带来启发。

8.3.4 坚持以合作共赢推动 PBL 持续发展

PBL 的本质是风险共担、效益共享和长期共赢。PBL 通过在军方/政府与产品保障实体之间形成的"休戚与共"的命运共同体,持续不断地为 PBL 研究和应用注入不竭的动力。在制定产品保障策略和 PBL 合同时,要确保获得产品保障成果的客观、可评价的工作描述,政府和商业产品保障集成商和供应商之间分担风险、共享报酬。

坚持合作共赢的关键是制定与关键性能参数关联的激励措施。在指定保障指标时,要避免指标过多,要避免产品保障集成商和产品保障供应商事无巨细地进行管理。产品保障经理要主动管理,产品保障集成商和产品保障供应商之间要保持频繁、透明的互动。同时,产品保障经理必须与所有的保障相关方建立信任关系,并维持公开、坦诚的沟通渠道。良好的关系和畅通的沟通协调机制难以在 PBL 合同或合同中体现,但是对于达成 PBL 目标具有重要的作用。

无论是什么类型的项目,还是多么完美的 PBL 合同,产品保障不能完全依靠合同的自动执行,基于性能和结果的保障不能只关注结果,要在质量保证与监督、定期审核与评估等方面实施主动管理,要在产品保障的主要相关方之间寻求平衡,只有共赢才能长期合作,只有长期合作才能长期共赢。

8.4 我军装备保障建议

8.4.1 推进军队 PBL 能力建设

装备保障力是战斗力的重要组成部分,我军装备的综合性保障起步较晚,尚未形成完整而科学的一体化管理体系与运行机制,在项目管理上并没有组建真正实体的全寿命周期管理机构。以购买性能的市场化方式开展的装备综合保障业务,也尚处于初期阶段。推进军队 PBL 的能力建设主要表现在四个方面：

1. 加紧理论研究，为保障实践提供指导

PBL策略的宗旨同样适用于我军的装备保障。目前，我军在此方面的理论研究还很不够，只有少数一些人员在跟踪美军的理论和实践，且由于缺乏资助，这种跟踪研究也缺乏深度，不够系统。如：如何判断什么样的项目适用于PBL策略，如何进行PBL业务安全分析，如何对PBL保障提供者进行激励，要实施PBL需要进行哪些改革等问题，都有待开展深入研究。

2. 完善组织结构，确保全寿命周期管理的落实

我军自20世纪80年代引进全寿命周期管理理论，该理论对我军的装备工作起到了积极的作用。但是，迄今为止，我军在项目管理上并没有真正具体的全寿命周期管理机构，造成了实际运行中武器系统使用保障阶段与其以前的阶段（采办）在管理上是割离的，从而不能把全寿命周期管理真正落实下去。美军以前也是如此，但是后来通过赋予项目主任全寿命周期管理职权，并通过PBL保障策略，使得武器系统采办和支援阶段融为一体，真正落实了全寿命周期管理。我军也应学习美军的项目管理方法，在实施各个武器系统采办项目时，建立相应的项目管理办公室或项目管理团队，并赋予其进行项目全寿命周期管理的职权。

3. 完善法规，规范合同商保障的运行

实施PBL策略的项目和传统的保障相比，一个重要的不同点是前者是军民一体的保障，很好地利用了合同商保障。为了能在保证军队建制核心保障能力的同时，最佳地使用合同商保障，美国从国家层面到各军种均制定了相应的法律、各种指示指令和条令条例等，如法律层次的《美国法典第10卷》，法规层次的《联邦采办条例》及《国防部联邦采办条例补充条例》全军性的《国防采办指南》《国防采办指示》《国防采办指令》《JP4-10作战合同保障》，军种层次的野战条令《FM3-100.21战场上的合同商》、陆军条例《Ar70-1陆军采办政策》等，从而为美军实施合同商保障提供了法规保障。与此相对应，我军目前开始推行的军民一体化保障，充分认识到了合同商保障的重要性，但是目前严重缺乏相关法规。由于对保持军队核心保障能力认识不足，装备保障很有可能逐渐地会过分依赖于合同商保障，削弱军队的核心保障能力，从而带来一定的风险；此外，随着我国社会主义市场经济的更加成熟和军队高新复杂武器装备的比例不断增加，战时合同商保障与平时保障将会有很大不同，平时的许多运行机制在战时可能不再适用或适用性不强，战时合同商保障问题会越来越凸显，更加需要从法规上进行强制和规范。

4. 开展教育，奠定观念和知识基础

美军近年来实施PBL策略所遇到的一个重大障碍是教育不够，主要体现在两个方面：一是传统保障观念问题，军队许多领导对PBL概念不懂，不愿意采用PBL策略，仍然沿袭传统保障观念，对PBL策略的推行形成阻碍；二是对如何实施PBL策略缺乏知识，一些领导和军官虽然知道PBL策略的优点，但是不会运用，于是仍然沿用传统保障，或使用PBL策略但存在许多问题，如：不知道如何选择保障集成方和合同商、如何评价合同商的性能、如何制定PBA、如何进行BCA等。为此美军开设了PBL方面的课程，对相关采办、后勤军官进行培训。我军在研究了相关的理论后，也应及时开设相关课程，对相关领导、军官进行相应的教育，从而为日后的应用奠定良好的基础。

8.4.2 推进军工企业PBL能力建设

军工企业应同时具备装备研制生产和服务提供商两种特性，并按市场化的体制要求，对军工企业保障机制进行挖掘，改变"重研发生产、轻维护保障"理念，充分挖掘企业自身的价值，形成装备保障的核心能力建设。加强军工企业PBL能力建设主要表现在三个方面：

1. 人员能力的培养

常规产品交付培训往往针对产品原理和技术条件进行。随着高新技术不断提升带来的学习难度、技术状态的改进与升级以及军队人员逐步流转变更，常规培训架构需要不断完善。军工企业应不断完善"理论、实操、深化"培训思路，并以装备原理、操作使用、电路分析、常见故障分析以及装备性能测试等内容为主建立培训知识库。通过梳理部队岗位职责与资格要求，分析各岗位间所需知识与能力，做到培训需求层次化导向，最终确认培训需求课程，建立"基础培训、进阶培训、专项培训"流程，做到以应对岗位和需求为目的的人员能力培养。

2. 降低保障资源投入

新时期现代化信息装备具有智能化、集成度高、技术复杂以及装备批量有限的特点，因此用户端单独建设保障资源易出现保障建设投入大、周期长、见效慢的问题。通过试点实践，合理与军工企业合作，有效利用其研发资源、生产环境，借助其原生技术力量和生产能力，推行基于性能的综合性保障合作，不仅可以减少保障资源的投入，而且有助于军工企业服务保障工作的可持续发展，建设专业专职化的服务保障团队，提升服务保障效果。

3. 寻找盈利模式

军工企业通过转变"重研发生产、轻维护保障"的旧观念，不断完善科学的服务保障理论和方法，通过打造综合服务保障产业，以适应未来不断增加的装备服务保障。同时，基于性能的保障特征，通过签署长期性能保障合同，可以为保障提供方提供足够的投资恢复期。军工企业也会通过经济效益回收曲线自觉地在"六性"和服务方面进行投资,以获取长期的更大收益,节约保障资源,缩短保障反应时间。

8.4.3 PBL 推动军民共建的作用

推进军民共建式发展,是加快转变战斗力生成模式的重要途径,也逐渐形成了军民共建的装备保障模式。PBL 合同是军民两方的重要桥梁,同时极大增加了民用企业保障的地位和作用,因此可以作为促进军民共建装备保障模式建设的"抓手"。主要体现在三个方面:

1. 装备行业动员模式

长期以来,我国的装备动员工作普遍采取地方政府主导下的属地资源动员模式。随着国防科技工业管理体制的不断调整,目前,我国高新技术武器装备研制生产主要采用中央垂直管理的方式,由各军工集团公司组织实施,且大量装备配套生产厂家分布在全国多个省、市、自治区,仅靠属地动员模式难以统筹资源进行协调。而美军"基于性能的保障"中"装备保障集成方"的角色使我们认识到:只有按照"谁管资源、由谁动员"的思路,充分发挥总装厂的"统领"角色作用,采取"总装厂抓配套厂"的方式,逐步形成装备发展部与国防科工局统一协调、对口管理,各军工集团公司及相关属地部门组织抓落实的高新技术武器装备动员格局,即采用"行业为主、属地配合"的装备动员模式,才能适应新时期装备动员的特点和规律,提高装备动员的质量和效益。

2. 装备动员军地供需对接机制

军地供需对接,在装备动员工作中发挥着至关重要的作用。如果国防动员机构中,国家层面没有明确的装备动员综合协调管理机构,上下层之间、各个机构之间权力不明、职能交错,关系不顺,没有统一的需求提出汇总和归口管理部门,就会出现动员需求接收、平衡和分解落实难的问题,动员组织统筹、指导和监督难的问题,无法保证动员平时准备和战时实施的有效展开。而美军"基于性能的保障"中军地双方供需对接、问题协商的机制使我们认识到:通过建立顺畅高效的军地供需对接机制,一方面构建传递信息的平台,实现各项需求自下而上层层汇总、对口上报,各项任务自上而下层层分解、对口下达;另一方面建立协商问题的平台,定期召开军地联席会议,协商解决工作中出现的各种重大问题,才能做到认识统一,步调一致,供需平衡。

3. 装备动员军地双方职责划分

目前,在我国装备动员中,一方面军方既是动员需求的提出者,又是动员工作的协调者,不仅要和政府有关部门进行需求对接,还要监督和管理装备动员工作的落实,工作的范围和职能难免模糊,顾此失彼;另一方面承担装备动员任务的企事业单位由于平时动员任务量少,更多地关注产品的经济效益,往往忽视"装备战备完好性"的动员潜力建设,直接影响装备动员建设的质量。而美军"基于性能的保障"中军地双方工作界面清晰明了,美军只负责保障需求的提出与结果的应用,购买的是装备系统的"长期性能包";地方合同商按基于性能的协议,按照系统性能参数和性能特征要求履行装备系统从"摇篮"到"坟墓"的保障义务;"装备保障集成方"负责军地双方的对接与管理。美军"基于性能的保障"长期性能协议使我们认识到:清晰的军地职责划分在装备动员工作中起着关键的作用,军方的职责应该是合理提出装备动员需求,组织动员来的"产品"在军队中的管理和使用;承担装备动员任务的企事业单位职责应该是落实动员需求,抓好动员潜力建设;有关装备动员办事机构职责应该是组织、指导、协调军地供需对接,抓好各项工作落实。

8.4.4 加强军民共建装备保障模式政策

我国目前还处于军民共建装备保障的探索阶段,除了要转变 PBL 思想、加强 PBL 技术研究外,还需要在政策上加大军民共建装备保障模式的建设。

1. 完善法律法规建设,为军民共建提供机制保障

我党我军积极探索实践军民共建装备维修保障的方式方法,现已制定颁发了一系列法规标准,为实施军民共建维修保障提供了一定的法规支撑,但是目前仍未完全建立起全面的法规体系。我国军民共建装备保障也需加快构建政策法律、法规规章和业务标准等三个层次的法规制度体系:第一层次是政策法律,包括国家关于实行军民共建装备维修保障的方针政策等;第二层次是法规规章,包括装备研制生产、装备管理、装备维修保障等法规规章;第三层次是办法、细则、要求等各类规范等。

2. 建立高效的运行机构,确保军民共建运行顺畅

军民共建的深入发展,需要有相关机构深入推动。目前,地方政府各级都建立了军民共建发展办公室,用于推动地方单位和企业参与和支持部队建设与发展。军队内部也成立了相关机构,但还有很多工作需要继续完善:从编制上建立完善独立的军民共建机构和体系,很多单位建立了军民共建办公室,但多数都由相关职能部门人员兼任,难以发挥他们在军民共建工作上的积极性和创新性;目前的军民共建部门主要在上层机构,基层单位多数没有相关的军民共建部门推动相关工作,但很多实际工作是由基层单位直接参与和具体实施的,比如装备维修、器材采购、军选民用装备保障等,在工作实施层面就会出现效率不高、运行不畅等问题。

3. 提升共建的深度和广度,带动社会力量广泛参与

当前,我国国家标准、行业标准、企业标准和军用标准自成体系,兼容性、通用性差,成为军民共建式发展的技术壁垒。对此,一是要完善军用标准体系,坚

持把新的标准化建设作为军民共建切入点,不断推行军用标准改革,清理、审查,废止不适用的军用规范;二是要实现军民两用技术标准的统一,要对军用标准和民用标准进行统一规范,逐步扩大军品和民品的通用化、标准化和系列化;三是要统筹军民需求与成果双向转移,在军民两用技术标准建立初期就统筹兼顾军民两种需求,在技术标准建立后,要能够积极有效地转移应用,确保军民两用技术双向流动。

8.4.5 创新军民共建装备保障模式管理

1. 加大技术预测、作战设计等方面的研究

做好技术预测工作,加大对未来战争形态的研究和设计,通过技术推动和需求牵引两种动力推动科技进步和产业发展。为了促进高科技产业的发展,要努力把高科技成果、技术和产品纳入军方的需求计划之中;增加在研发环节的投入,提高对新型武器装备的开发、研制、采办比重,努力提升我国武器装备研制与科技产业发展的后劲与能力。

在传统的国防科技工业领域,市场已经基本上被传统的国防科技工业企业所占领,加上我国这么多年国防建设的积累,这些传统军工企业本身的军品生产能力就是过剩的,因此后来者一般也很难打破这些在位企业的垄断地位,盲目进入会进一步加剧这些行业的产能过剩。因此,军方应在稳定或逐步减少传统军品订货的同时,增加新兴产品和技术的采办份额,引导新兴产业和技术领域的民营企业参与到军品采办市场中来。

2. 进一步降低军品市场准入门槛

目前,武器装备采办市场的准入管理涉及多个政府部门,这种多头管理造成职能交叉、重复审查,使得企业无所适从。要改革目前的现状,建立起以装备采办部门为主的军品市场管理制度,充分发挥军事需求牵引装备市场资源配置的作用。

探索"先进入、再审查"的军品市场准入制度。军方采办部门根据采办项目的实际情况,发布项目投标的条件与要求(其实就相当于进入标准),对于符合军方投标要求的企业都可以进入该项目的竞标,然后军方对照投标条件对企业进行审核,符合条件的企业进入竞标环节,最后中标的单位要与军方签订军品采办合同。军方通过合同内容对企业的行为(如成本核算、质量标准、保密要求等)加以规范。这样,采用"先进入、再审查"的办法,可以减少不必要的入门审查与门槛。那些经过审核进入竞标环节的企业可以纳入军方的军品采办名录,在该企业参与下一次军品采办项目竞标时,已经审查过的内容就不再审查。再如对武器装备采办中的保密问题,是否可以建立根据承担任务和项目有关信息的敏感程度,制定相应的保密要求和保密方案,而不是一定要取得保密证。

3. 实施分类别、分阶段、分层次的竞争性装备采办制度

竞争是促进军民协同发展的基本途径之一,这是我国目前在推动军民协同发展中需要大力推进的工作。英美法等国家都以法律的形式规定,在军品采办项目启动之初就制定该项目的采办战略,以求实现采办项目分类别、分阶段、分层次的竞争。

过去军队在武器装备采办过程中,对于重要的关键分系统,军方是单独订立合同的,这些关键分系统的研制单位参军较为容易;而现在,军方在军品采办中则采用由总成单位统一订立合同,分系统制造商再与总成单位订立合同,这样他们就很难拿到订单了。显然,这种"一揽子"的采购策略是不利于民参军和军民协同发展的。因此,军方要具备对大型采办项目进行分类别、分阶段、分层次竞争性采办的能力。

为此,军方要逐步建立非竞争性军品采购的负面清单及申报审批制度,实现竞争性采办为常态,非竞争性采办为特例的状态。只有少数的军品由于需求量小或市场化供给唯一等原因,可以不采用竞争性采购。探索建立竞争失利补偿制度、招投标的质疑与投诉制度,以维持装备采办市场的竞争态势及公平竞争。对于在参与军品研制中竞标失利的企业,可以通过项目分包、竞争性设计、税收减免等方式,给予适当的补偿,以维持军品市场的竞争优势。

4. 改革国防知识产权安排

在我国,目前装备采购只针对产品,而不含其中的技术,不要求厂商交付技术资料(或只交付简单的技术资料),虽然合同规定"国家投资产生的技术成果归国家所有,双方共享",但实际上技术只掌握在研制厂商一方,军方对这些技术并不知悉也无支配能力,如果厂商拒绝提供给军方,军方往往也无可奈何。另外,虽然我国国防法规定了国防投资产生的技术成果归国家所有,但没有法律规定由谁行使此权利,而国防产品厂商多为国有企业,他们认为自己也可以代表国家所有,军方则因未得到明确授权而不能理直气壮。这样由国家或军方投资形成的国防知识产权就成了这些国有军工企业的"私人财产",成为其竞争优势,阻碍了其他企业参与后续武器装备采办的竞争。

为了促进竞争,维护国家安全与国防科研投资利益,我们必须建立符合国家利益、符合国防特点的国防知识产权制度。对于由军方支持形成的国防知识产权,其用于军事方面的所有权归军方所有,而其商业开发利用权则归开发单位所有,以鼓励开发单位商业化运作的积极性,但这种商业化运作必须接受军方的监督。这样的国防知识产权制度安排,可以解决由政府或军方资助完成的国防科技研发成果被开发单位所垄断的问题,有利于武器装备采办的后续竞争及武器装备保障。同时,建立对民用科技企业知识产权的保护或补偿制度,打消其参军的顾虑。

5. 精简合并优化国防采办制度

目前,规范国防科技工业管理和武器装备采办的法律法规及规章制度散见于各个部门、各个条线,显得政出多门、杂乱无序,很难被预进入国防科技工业、参与军品研制的民口企业所掌握,因此建议把所有涉及国防科技工业管理与武器装备采办的法律法规放在一起,按照全要素、全系统、全流程的内在逻辑编辑成《国防科技工业管理与武器装备采办制度汇编》,或制定统一的《武器装备采购条例》,同时编制《武器装备采办手册》《民参军手册》,让民参军企业"一册在手、参军无忧"。此外,武器装备的采办部门还要不断研究国防采办过程,对国防采办程序、制度、规范进行完善和优化,以提高国防采办效率、增进国防采办竞争,降低采办项目的费用和风险。

附录 A　业务案例分析使用的案例和部分数据

本附录提供了在第 5 章"业务案例分析"中使用的"影子"无人机系统和在分析过程中的部分数据实例。

A.1　"影子"无人机系统简介

"影子"无人机系统由两个地面控制站（Ground Control Stations,GCS）、两个地面数据终端（Ground Data Terminals,GDT）、一个便携式地面控制站（Portable Ground Control Station,PGCS）、一个具有视线命令和控制的便携式地面数据终端（Portable Ground Data Terminal,PGDT）控制飞行器、四个远程视频终端（Remote Video Terminals,RVT）、四个模块化任务载荷（Modular Mission Payloads,MMP）和四架飞行器（其中一架为备用）等模块组成，以支持战时突增的作战节奏以及发射和回收功能。"影子"无人机系统的组成和功能如表 A-1 所列。

表 A-1　"影子"无人机系统的组成和功能

模块名称	主要功能	外观视图
地面控制站	"影子"无人机系统的指挥和控制中心。它被用于飞行前、发射、越区切换和回收，以操作无人机和有效载荷	
地面数据终端	使数据能够在 GCS 和飞行器之间传输。它由收发器、定向天线、三脚架和控制单元等组成	

续表

模块名称	主要功能	外观视图
便携式地面控制站	可以执行飞行前、起飞、发射、回收操作。它使用全向天线作为主要数据链路,分为两类容器:容器1包含处理器、插槽卡和显示器;容器2包含执行外部通信、对讲控制和操纵杆的组件	容器2、容器1
便携式地面数据终端	为PGCS提供数据链接。GDT的主要组成部分是通用的,射程至少为30km。PGDT由发电机供电	——
模块化任务载荷	与"影子"无人机系统配合使用的任务载荷是即插式光学载荷POP200,这是带追踪器的全天候观测载荷,即插即用,操作非常方便	
飞行器	"影子"无人机系统的机载平台,这是一架长翼型飞行器,是任务有效载荷的"运载装置"。GCS通过GDT远程控制该系统	
发射器	一种液压发射器,带有短距起降功能。它可以水平折叠以适合机动运输,并且2个人就可以操作展开	
战术自动着陆系统	是一个自动信标着陆系统,它独立于任何GPS数据,并提供了自动着陆触地和恢复展开的功能,并允许在没有外部驾驶员的情况下回收飞行器	

附录 A　业务案例分析使用的案例和部分数据

续表

模块名称	主要功能	外观视图
停车装置	飞行器底部装有制动挂钩,着陆后,通过钩住地面电缆,制动齿轮卡钳制动器,将飞行器减速至15m/s以内	
降落伞	由来自 GCS 或 PGCS 的信号进行控制,在预定义的紧急情况下自动展开。完全部署后,降落伞可将飞行器减速回收,以防止损坏 MMP	——
远程视频终端	一个独立的可部署地面单元,可以跟踪飞行器并将车载有效载荷传感器实时视频提供给平板显示器。从无人机接收到的遥测数据可提供信息以叠加在显示屏上,从而增强操作员的态势感知并提供与瞄准有关的重要信息	

A.2　业务案例分析过程中的部分数据

以下是"业务案例分析"中分析 3 个方案(见表 5-3)时使用的部分数据和模型页面实例,如图 A-1~图 A-18 所示。

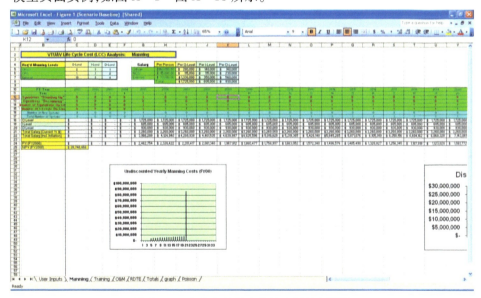

图 A-1　方案 1 基线方案的人员输入页面

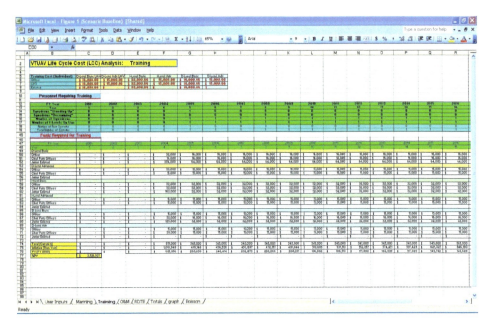

图 A-2 方案 1 基线方案的训练输入页面

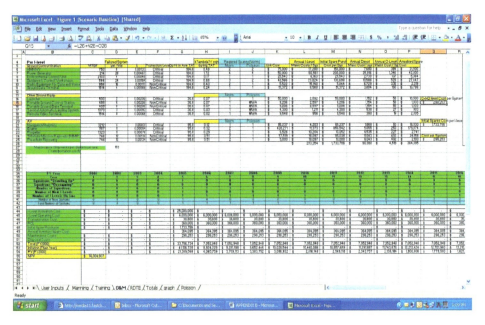

图 A-3 方案 1 基线方案的 O&M 输入页面

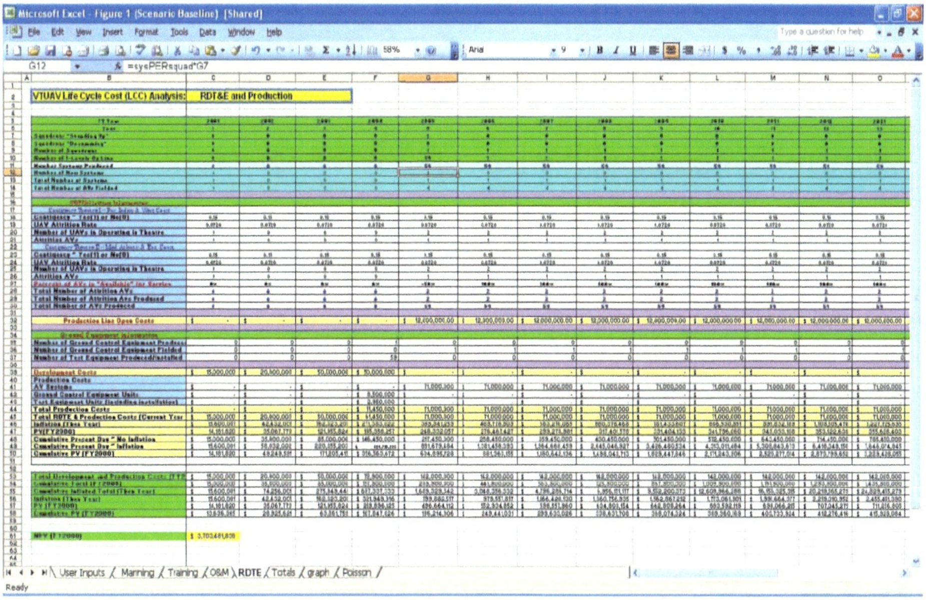

图 A-4 方案 1 基线方案的 RDT&E 输入页面

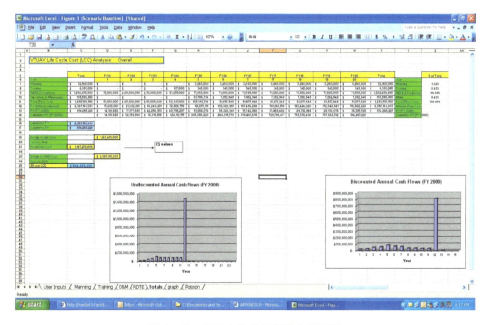

图 A-5 方案 1 基线方案的合计页面

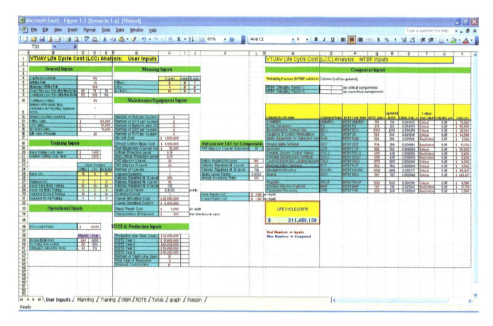

图 A-6 方案 1-a 的用户输入页面

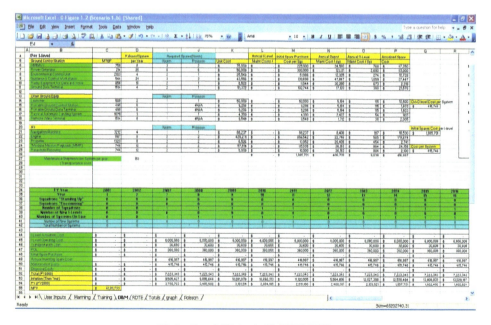

图 A-7 方案 1-b 的 O&M 页面

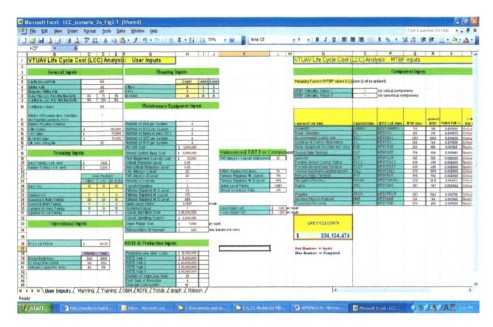

图 A-8 方案 2-a 的用户输入页面

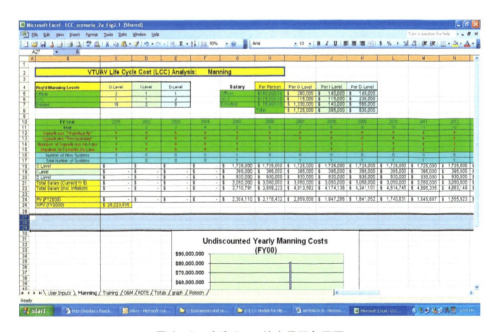

图 A-9 方案 2-a 的人员配备页面

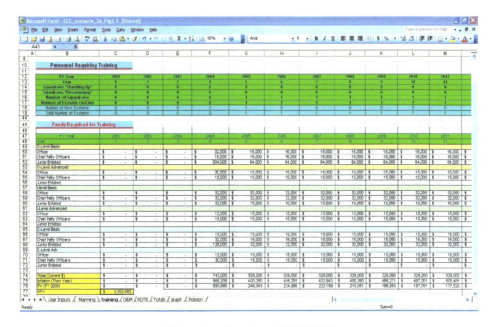

图 A-10　方案 2-a 的训练页面

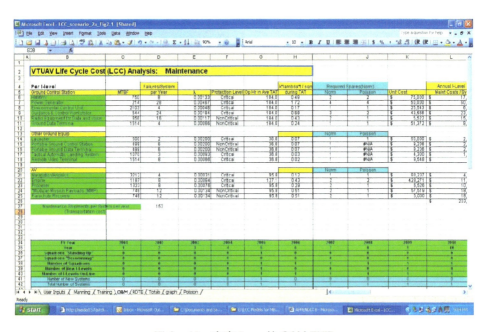

图 A-11　方案 2-a 的 O&M 页面

图 A-12 方案 2-a 的用户输入页面(发动机 MTBF 增加)

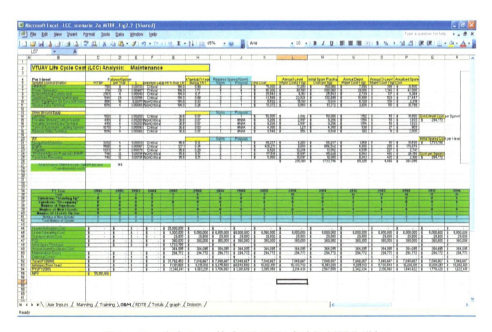

图 A-13 方案 2-a 的 O&M 页面(发动机 MTBF 增加)

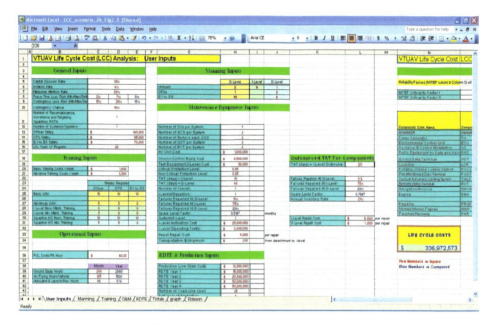

图 A-14　方案 2-b 的用户输入页面

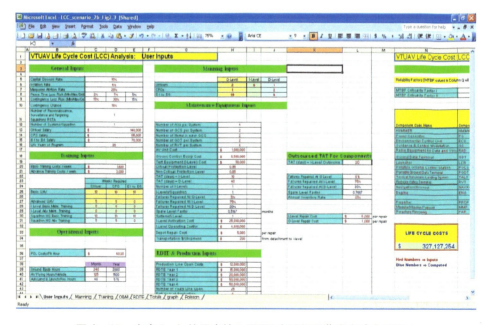

图 A-15　方案 2-b 的用户输入页面（中继级运营成本减少 20%）

附录 A　业务案例分析使用的案例和部分数据 | 163

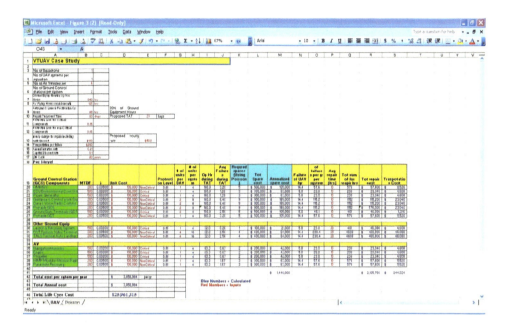

图 A-16　方案 3 基线方案的用户输入页面

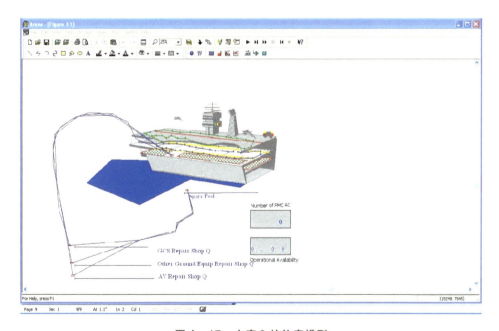

图 A-17　方案 3 的仿真模型

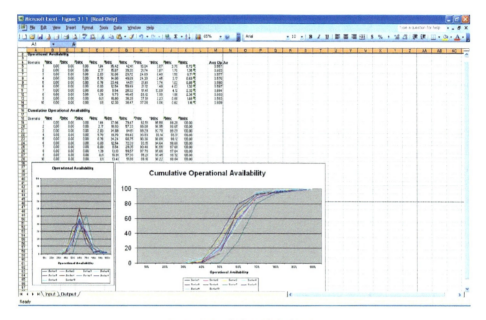

图 A-18 方案 3 的合计页面

附录 B 专业名词及术语的中英文对照

缩略语	英文	中文
ACAT	Acquisition Category	采办类型
APB	Acquisition Program Baseline	采办项目基线
AIA	Aerospace Industries Association	美国宇航工业协会
AFLCMC	Air Force Life Cycle Maintenance Center	美国空军寿命周期维修中心
AoA	Analysis of Alternatives	备选方案分析
APA	Attached Performance Attributes	其他性能属性
BRAC	Base Realignment and Closure	基地调整与关闭
BBP	Better Buying Power	更好的购买力
BCA	Business Case Analysis	业务案例分析
CDD	Capability Development Document	能力开发文件
CPD	Capability Procurement Document	能力生产文件
CSIS	Center for Strategic and International Studies	战略与国际研究中心
CITE	Centers of Industrial and Technical Excellence	工业和技术卓越中心
CAE	Component Acquisition Executive	国防部组件采办执行官
CBM+	Condition Based Maintenance Plus	增强型视情维修
CLS	Contractor Logistics Support	承包商后勤保障
CPFH	Cost per Flying Hour	每飞行小时成本
CPAF	Cost – Plus – Award – Fee	成本加奖金合同
CPFF	Cost – Plus – Fixed – Fee	成本加定酬合同
CPIF	Cost – Plus – Incentive – Fee	成本加激励费用合同
CS	Cost – Sharing	成本分担合同
CDR	Critical Design Review	关键设计评审

续表

缩略语	英文	中文
CWT	Customer Wait Time	用户等待时间
DSS	Decision Support System	辅助决策系统
DA	Defense Acquisition	国防采办
DAE	Defense Acquisition Executive	国防采办执行官
DAS	Defense Acquisition System	国防采办系统
DAU	Defense Acquisition University	国防采办大学
DWCF	Defense Working Capital Fund	国防周转资金
DSOR	Depot Source of Repair	修理基地来源
DVD	Direct Vendor Delivery	直接供应商交付
DPO	Distribution Process Owner	配送过程责任人
EMD	Engineering and Manufacturing Development	工程与制造开发
ESOH	Environmental Safety and Occupational Health	环境安全与职业健康
FIRST	F/A–18E/F Integrated Readiness Support Teaming Program	F/A–18E/F 的 PBL 合同
FMECA	Failure mode effects and critical analysis	故障模式、影响级危害性分析
FRACAS	Failure Reporting Analysis and Corrective Action System	故障报告、分析与纠正措施系统
FPDS	Federal Procurement Data System	联邦采购数据系统
FFP	Firm Fixed–Price	严格固定价格合同
FFPLOE	Firm Fixed–Price Level of Effort Term Contract	工作量不变严格固定价格合同
FPRR	Fixed–Ceiling–Price Contract with Retroactive Price Redetermination	可重新确定追溯价格的固定最高限价合同
FPAF	Fixed–Price Award–Fee	固定价格加奖金合同
FPRP	Fixed–Price Contract with Prospective Price Redetermination	可重新确定预期价格的固定价格合同
FPEPA	Fixed–Price Economic Price Adjustment	随经济价格调整的价格合同
FPIF	Fixed–Price Incentive Firm	固定价格激励合同
FPIS	Fixed–Price Incentive with Successive Targets	固定价格奖金渐近目标合同
FASTeR	Follow–on Agile Sustainment for the Raptor	F–22 的 PBL 合同
FOC	Full Operational Capability	全面作战能力
FRP	Full Rate Production	全速率生产
FYDP	Future Years Defense Program	未来年度国防计划

续表

缩略语	英文	中文
ILA	Independent Logistics Assessment	独立后勤评估
ISP	Information Support Plan	信息保障计划
ICD	Initial Capability Document	初始能力文件
IOC	Initial Operational Capability	初始作战能力
IPS	Integrated Product Support	集成产品保障
IPT	Integrated Product Team	一体化产品小组
IETM	Interactive Electronic Technical Manual	交互式电子数据手册
IUID	Item Unique Identification	物品唯一标识码
JCIDS	Joint Capabilities Integration and Development System	联合能力集成和开发系统
KPP	Key Performance Parameters	关键性能参数
KSA	Key System Attributes	关键系统属性
LORA	Level of Repair Analysis	修理级别分析
LCC	Life – Cycle Cost	全寿命成本/寿命周期成本
LCSP	Life – Cycle Sustainment Plan	全寿命保障计划
LRT	Logistics Response Time	后勤响应时间
LRIP	Low – Rate Initial Production	初始小批量生产
MTA	Maintenance Task Analysis	维修任务分析
MAIS	Major Automatic Information System	重大自动化信息系统
MDAP	Major Defense Acquisition Program	重大国防采办项目
MSA	Materiel Solution Analysis	装备方案分析
MDT	Mean Down Time	平均停机时间
MMT	Mean Maintenance Time	平均维护时间
MTBF	Mean Time Between Failure	平均故障间隔时间
MTBM	Mean Time Between Maintenance	平均维修间隔时间
MILCON	Military Construction	军事建设
MLE	Military Level of Effort	工作量
MILPER	Military Personnel	军事人员
MC	Mission Capable	任务完成率
NAVAIR	Naval Air System Command	海军航空系统司令部
NMCM	Non – Mission Capable Maintenance	等待维修而不能执行任务
NMCS	Non – Mission Capable Supply	等待供应而不能执行任务
OJT	On the Job Training	在职培训

续表

缩略语	英文	中文
OTD	On-Time Delivery	按时交付
O&S	Operation and Support	使用与保障
OEM	Original Equipment Manager	原始设备制造商
OIPT	Overarching IPT	顶层一体化产品小组
PSF	Percent Sorties Flown	出动架次率
PBA	Performance Based Agreement	基于性能的协议
PBL	Performance Based Logistics	基于性能的保障
PPBE	Planning, Programming, Budgeting, and Execution	规划、计划、预算和执行系统
P&D	Procurement & Deployment	生产与部署
PSBM	Product Support Business Management	产品保障业务模型
PSIP	Product Support Integrated Package	产品保障集成包
PSI	Product Support Integrator	产品保障集成商
PSM	Product Support Manager	产品保障经理
PSP	Product Support Supplier	产品保障供应商
PEO	Program Executive Officers	项目执行官
PMO	Program management office	项目管理办公室
PM	Program Manager	项目经理
PESHE	Programmatic Environmental, Safety & Occupational Health Evaluation	有计划的环境、安全与职业健康评估
PPP	Public Private Partnership	公私合作关系
RAM	Reliability, Availability, and Maintainability	可靠性、可用性和维修性
RCM	Reliability-Centered Maintenance	以可靠性为中心的维修
RTAT	Repair Turn Around Time	修理周转时间
RSSP	Replaced System Sustainment Plan	替代系统保障计划
RDT&E	Research, Development, Test & Evaluation	研究、开发、试验和鉴定
SAE	Service Acquisition Executive	军种采办执行官
SIPRI	Stockholm International Peace Research Institute	斯德哥尔摩国际和平研究所
SCOR	Supply Chain Operations Reference	供应链使用参考
SMA	Supply Material Availability	供应物资可用性
SRT	Supply Response Time	供应响应时间
SML	Sustainment Maturity Level	保障成熟度
SEP	System Engineering Plan	系统工程计划
TI	Technology Insertion	技术插入

续表

缩略语	英文	中文
TMRR	Technology Maturation and Risk Reduction	技术成熟与风险降低
TRL	Technology Readiness Level	技术准备水平
TEMP	Test and Evaluation Master Plan	试验与鉴定总体计划
TAV	Total Asset Visibility	全资产可视
TOC	Total Ownership Cost	总拥有成本
UAV	Unmanned Air Vehicle	无人机
WIPT	Working–level IPT	工作层一体化产品小组

参考文献

[1] U. S. Department of Defense. PBL Guidebook. Washington D. C. : Government Pringing Office, 2016.

[2] U. S. Department of Defense. COR Handbook. Washington D. C. : Government Pringing Office, 2012.

[3] U. S. Department of Defense. Performance Assessment User Guide. Washington D. C. : Government Pringing Office.

[4] U. S. Department of Defense. Performance Based Payments Guide. Washington D. C. : Government Pringing Office, 2014.

[5] JACQUES S. GANSLER, WILLIAM LUCYSHYN. Evaluation of Performance Based Logistics [M]. Washington, D. C. : Center for Publlic Pollcy and Private Enterprise, 2006.

[6] U. S. Department of Energy. Performance Based Contracting Guide [M]. Washington, D. C. : Government Pringing Office, 1998.

[7] Deloitte Consulting LLP, Supply Chain Visions LTD, and Office of the Deputy Assistant Secretary of Defense, Materiel Readiness. (2011). Proof Point Project: A Study to Determine the Impact of Performance – Based Logistics (PBL) on Life Cycle Costs. Washington, D. C. : Deputy Assistant Secretary of Defense, Materiel Readiness.

[8] Geary, Steve and Vitasek, Kate. (2008). Performance – Based Logistics: A Contractor's Guide to Life Cycle Product Support Management. Bellevue, WA: Supply Chain Visions.

[9] GEARY, STEVE et al. (2010, October). Performance – Based Life Cycle Product Support Strategies: Enablers for More Effective Government Participation. Retrieved from http://static. e – publishing. af. mil/production/1/saf _ fm/publication/afman65 – 510/afman65 – 510. pdf.

[10] U. S. Department of Defense. (2001, September). Quadrennial Defense Review Report. Retrieved from http://www. defense. gov/pubs/pdfs/qdr2001. pdf.

[11] The Defense Acquisition System. (2003, May). DoD Directive 5000. 01. Retrieved from http://www. dtic. mil/whs/directives/corres/pdf/500001p. pdf.

[12] The Defense Acquisition System. (2008, December). DoD Instruction 5000. 02. Retrieved from http://www. dtic. mil/whs/directives/corres/pdf/500002_interim. pdf .

[13] Defense Acquisition University. (2011, April). DoD Product Support Manager

Guidebook. Retrieved from https://acc. dau. mil/psm – guidebook.

[14] Defense Acquisition University. (2011, April). DoD Product Support Business Case Analysis Guidebook. Retrieved from https://acc. dau. mil/bca – guidebook.

[15] Defense Acquisition University. Defense Acquisition Guidebook. Retrieved from https://dag. dau. mil/.

[16] Defense Contract Management Agency. (2002, October). Performance Based Logistics(PBL)Support Guidebook. Retrieved from https://acc. dau. mil/adl/en – US/32507/file/6146/PBL – GUIDE. doc.

[17] Department of the Air Force. (2009, April). Air Force Instruction 63 – 101(Acquisition and Sustainment Life Cycle Management). Retrieved from http://www. acq. osd. mil/dpap/ccap/cc/jcchb/Files/FormsPubsRegs/Pubs/AFI63 – 101. pdf.

[18] Department of the Air Force. (2010, October). Air Force Manual 65 – 510(Business Case Analysis Procedures). Retrieved from http://static. e – publishing. af. mil/production/1/saf_fm/publication/afman65 – 510/afman65 – 510. pdf.

[19] Department of the Air Force. (2011, September). Air Force Instruction 65 – 509 (Business Case Analysis). Retrieved from http://static. e – publishing. af. mil/production/1/saf_fm/publication/afi65 – 509/afi65 – 509. pdf.

[20] Department of the Army. (2004, May). U. S. Army Implementation Guide:Performance – Based Logistics(PBL). Retrieved from https://acc. dau. mil/adl/en – US/32645/file/6202/%2312911%20Army%20PBL%20IMPL%20GUIDE4May2004. doc.

[21] Department of the Army. (2012, March). Army Regulation 700 – 127(Integrated Logistics Support). Retrieved from http://armypubs. army. mil/epubs/pdf/r700_127. pdf.

[22] Department of the Navy. (2003, January). Performance Based Logistics(PBL)Guidance Document. Retrieved from https://acc. dau. mil/adl/en – US/32662/file/6207/DoN%20PBL%20Guidance%20Document%2027%20Jan%2003. pdf.

[23] Department of the Navy. (2007, November). Department of the Navy Guide for Developing Performance – Based Logistics Business Case Analyses(P07 – 006). Retrieved from https://acc. dau. mil/adl/en – US/180078/file/31603/Navy%20PBL%20BCA%20GUIDE%20signed%206%20Nov%2007. pdf.

[24] Department of the Navy. (2011, September). Secretary of the Navy Instruction 5000. 2E(Department of the Navy Implementation and Operation of the Defense Acquisition System and the Joint Capabilities Integration and Development System). Retrieved from http://doni. daps. dla. mil/Directives/05000%20General%20Management%20Security%20and%20Safety%20Services/05 – 00%20General%20Admin%20and%20Management%20Support/5000. 2E. pdf.

[25] Department of the Navy. (2012, May). Secretary of the Navy M-5000.2(Department of the Navy Acquisition and Capabilities Guidebook). Retrieved from: http://doni.daps.dla.mil/SECNAV%20Manuals1/5000.2.pdf.

[26] Department of the Navy. Naval Air Systems Command. (2004, December). NAVAIR Instruction 4081.2A (Policy Guidance for Performance Based Logistics Candidates). Retrieved from http://personal.its.ac.id/files/material/1752-ketutbuda-NAVAIRINST%204081.2A%20DEC%2004%20Final.pdf.

[27] Department of the Navy. Naval Sea Systems Command. (2004, July). NAVSEA Instruction 4000.8 (Policy for Business Case Analyses in the Evaluation of Product Support Alternatives). Retrieved from http://www.navsea.navy.mil/NAVINST/04000-008.pdf.

[28] Department of the Navy. Naval Sea Systems Command. (2005, September). A Program Manager's Guide to Conducting Performance Based Logistics (PBL) Business Case Analysis (BCA). Retrieved from https://acc.dau.mil/adl/en-US/46526/file/13827/Final%20NAVSEA%20PM%20PBL%20BCA%20Guide%20Rev%20-%20SEA%2004%20Signed%2031%20Jan%2006.doc.

[29] Department of the Navy. Naval Sea Systems Command. (2008, October). A Program Manager's Guide to the Application of Performance Based Logistics (PBL). Retrieved from https://acc.dau.mil/adl/en-US/239806/file/38706/NAVSEAINST%204000-7A%20Enclosure%20(1)%20Revision%20A%2008%20OCT%2008.doc.

[30] Department of the Navy. United States Marine Corps. (2005, April). United States Marine Corps Performance Based Logistics (PBL) Guidebook. Retrieved from https://acc.dau.mil/adl/en-US/22497/file/2207/USMC%20%20PBL%20Guide%20042905.doc.

[31] Department of the Navy. United States Marine Corps. (2007, January). Marine Corps Order 4081.2 (Marine Corps Performance-Based Logistics (PBL)). Retrieved from http://www.marines.mil/Portals/59/Publications/MCO%204081.2.pdf.

[32] U.S. Government Accountability Office. (2005, September). DOD Needs to Demonstrate That Performance-Based Logistics Contracts Are Achieving Expected Benefits (GAO-05-966). Retrieved from http://www.gao.gov/products/GAO-05-966.

[33] Vitasek, Kate and Geary, Steve. (2008, November). A Rose by Any Other Name: The Tenets of PBL. Retrieved from http://thecenter.utk.edu/images/Users/1/PBL/ARose.pdf.

[34] Defense Acquisition University. (2012, August). Product Support Policy, Guidance, Tools & Training site. Retrieved from https://acc.dau.mil/productsupport.

[35]　Defense Acquisition University. (2012, August). Performance Based Logistics Community of Practice. Retrieved from https://acc. dau. mil/pbl.

[36]　Defense Acquisition University. (2010, October). "Should Cost" Analysis Literature Review. Retrieved from https://acc. dau. mil/CommunityBrowser. aspx? id = 399121.

[37]　Defense Acquisition University(2012, April). DoD Market Research Report Guide for Improving the Tradecraft in Services Acquisition. Retrieved from https://acc. dau. mil/CommunityBrowser. aspx? id = 517109.

[38]　Defense Acquisition University (2003, April). Logistics Community of Practice (LOG CoP). Retrieved from https://acc. dau. mil/log.

[39]　Defense Acquisition University (2010, December). Product Support Manager (PSM)Toolkit. Retrieved from https://acc. dau. mil/psmtoolkit.

[40]　Department of Defense (2013). Better Buying Power (BBP) Site. Retrieved from http://bbp. dau. mil/.

[41]　Defense Acquisition University (2011, December). Integrated Product Support (IPS) Element Guidebook. Retrieved from https://acc. dau. mil/ips – guidebook.

[42]　Defense Acquisition University (2013). iCatalog. Retrieved from http://icatalog. dau. mil/.

[43]　Defense Acquisition University (2013). ACQuipedia. Retrieved from https://dap. dau. mil/acquipedia/Pages/Default. aspx.

[44]　Defense Acquisition University(2013). Ask A Professor. Retrieved from https://dap. dau. mil/aap/Pages/default. aspx.

[45]　Defense Acquisition University(2012, February). Public – Private Partnering for Sustainment. Retrieved from https://acc. dau. mil/adl/en – US/495747/file/62530/Public – Private%20Partnering%20for%20Sustainment%20Guidebook%20(1%20Feb%2012). pdf.

[46]　The University of Tennessee, and Supply Chain Visions (2012). The Tenets of PBL Second Edition, A Guidebook to the Best Practices Elements in Performance – Based Life Cycle Product Support Management. Retrieved from https://acc. dau. mil/adl/en – US/550412/file/68356/Learning%20Asset%20PBL%20Tenets%20Guidebook%20Second%20Edition%20June%202012%20Final. pdf.